11－040职业技能鉴定指导书

职业标准·试题库

水轮发电机机械检修

（第二版）

电力行业职业技能鉴定指导中心 编

电力工程 水电机械运行与检修专业

中国电力出版社
CHINA ELECTRIC POWER PRESS

内 容 提 要

本《指导书》是按照劳动和社会保障部制定国家职业标准的要求编写的，其内容主要由职业概况、职业技能培训、职业技能鉴定和鉴定试题库四部分组成，分别对技术等级、工作环境和职业能力特征进行了定性描述；对培训期限、教师、场地设备及培训计划大纲进行了指导性规定。本《指导书》自1999年出版后，对行业内职业技能培训和鉴定工作起到了积极的作用，本书在原《指导书》的基础上进行了修编，补充了内容，修正了错误。

试题库是根据《中华人民共和国国家职业标准》和针对本职业（工种）的工作特点，选编了具有典型性、代表性的理论知识（含技能笔试）试题和技能操作试题，还编制有试卷样例和组卷方案。

《指导书》是职业技能培训和技能鉴定考核命题的依据，可供劳动人事管理人员、职业技能培训及考评人员使用，亦可供电力（水电）类职业技术学校和企业职工学习参考。

图书在版编目（CIP）数据

水轮发电机机械检修 / 电力行业职业技能鉴定指导中心编. —2版. —北京：中国电力出版社，2016.6（2024.8重印）

（职业标准·试题库）

11-040 职业技能鉴定指导书

ISBN 978-7-5123-3734-3

Ⅰ. ①水… Ⅱ. ①电… Ⅲ. ①水轮发电机-检修-职业技能-鉴定-习题集 Ⅳ. ①TM312-44

中国版本图书馆CIP数据核字（2012）第270618号

中国电力出版社出版、发行

（北京市东城区北京站西街19号 100005 http://www.cepp.sgcc.com.cn）

北京锦鸿盛世印刷科技有限公司印刷

各地新华书店经售

*

2016年6月第二版 2024年8月北京第七次印刷

850毫米×1168毫米 32开本 8.625印张 217千字

印数12001—12350册 定价**35.00**元

电力职业技能鉴定题库建设工作委员会

主　任： 徐玉华

副主任： 方国元　王新新　史瑞家　杨俊平
陈乃灼　江炳思　李治明　李燕明
程加新

办公室： 石宝胜　徐纯毅

委　员：（按姓氏笔画为序）

马建军　马振华　马海福　王　玉
王中奥　王向阳　王应永　丘佛田
吕光全　朱兴林　刘树林　许佐龙
李　杰　李生权　李宝英　杨　威
杨文林　杨好忠　杨耀福　吴剑鸣
张　平　张龙钦　张彩芳　陈国宏
季　安　金昌榕　南昌毅　倪　春
徐　林　奚　珣　高　琦　高应云
章国顺　谌家良　董双武　景　敏
焦银凯　路俊海　熊国强

第一版编审人员

编写人员： 张建伟

审定人员： 韩玉林　宋晶辉　李亚平

张亚玲　孙兆峰

第二版编审人员

编写人员（修订人员）：

邱建国　徐良玉

说　明

为适应开展电力职业技能培训和实施技能鉴定工作的需要，按照劳动和社会保障部关于制定国家职业标准，加强职业培训教材建设和技能鉴定试题库建设的要求，电力行业职业技能鉴定指导中心统一组织编写了电力职业技能鉴定指导书（以下简称《指导书》）。

《指导书》以电力行业特有工种目录各自成册，于 1999 年陆续出版发行。

《指导书》的出版是一项系统工程，对行业内开展技能培训和鉴定工作起到了积极作用。由于当时历史条件和编写力量所限，《指导书》中的内容已不能适应目前培训和鉴定工作的新要求，因此，电力行业职业技能鉴定指导中心决定对《指导书》进行全面修编，在各网省电力（电网）公司、发电集团和水电工程单位的大力支持下，补充内容，修正错误，使之体现时代特色和要求。

《指导书》主要由职业概况、职业技能培训、职业技能鉴定和鉴定试题库四部分内容组成。其中，职业概况包括职业名称、职业定义、职业道德、文化程度、职业等级、职业环境条件、职业能力特征等内容；职业技能培训包括对不同等级的培训期限要求，对培训指导教师的经历、任职条件、资格要求，对培训场地设备条件的要求和培训计划大纲、培训重点、难点以及对学习单元的设计等；职业技能鉴定的依据是《中华人民共和国国家职业标准》，其具体内容不再在本书中重复；鉴定试题库是根据《中华人民共和国国家职业标准》所规定的范围和内容，以实际技能操作为主线，按照选择题、判断题、简答题、计算题、绘图题和论述题六种题型进行选题，并以难易程度组合排列，同时汇集了大量电力生产建设过程中具有普遍代表性和典型性的实际操作试题，构成了各工种的技能鉴定试题库。试题库的深度、广度涵盖了本职业技能鉴定的全部内容。题库之后还附有试卷样例和组卷方案，为实施鉴定命题提供依据。

《指导书》力图实现以下几项功能：劳动人事管理人员可根据《指导书》进行职业介绍，就业咨询服务；培训教学人员可按照《指导书》中的培训大纲组织教学；学员和职工可根据《指导书》要求，制订自学计划，确立发展目标，走自学成才之路。《指导书》对加强职工队伍培养，提高队伍素质，保证职业技能鉴定质量将起到重要作用。

本次修编的《指导书》仍会有不足之处，敬请各使用单位和有关人员及时提出宝贵意见。

电力行业职业技能鉴定指导中心

2008 年 6 月

目 录

1 职业概况

1.1 职业名称

水轮发电机机械检修（11—040）。

1.2 职业定义

指从事水力发电厂（站）水轮发电机机械部分及其辅助设备维护、检修的人员。

1.3 职业道德

关心同志，热爱集体，有从事本岗位工作的高度责任感和事业心。遵章守纪、工作勤奋、以身作则。爱护工具设备，安全文明生产，团结协作，尊师爱徒。

1.4 文化程度

中等职业技术学校毕（结）业。

1.5 职业等级

本职业按照国家职业资格的规定，设为初级（五级）、中级（四级）、高级（三级）、技师（二级）、高级技师（一级）5 个技术等级。

1.6 职业环境条件

在室内、常温、无潮湿、有噪声、无毒无烟的环境条件下现场就地操作，有时有高空作业。

1.7 职业能力特征

本职业应具有一定的钳工基础和一定的专业知识，掌握发电机组及其辅助设备的结构、性能和工作原理，具有理解和应用技术文件的能力，能绘制机械图纸，有分析、检查及应用计算的能力，对工具、材料、备品、备件具有一定的使用、维护和管理能力，能够进行技术创新，有协作配合、组织培训及传授技艺的能力。

2 职业技能培训

2.1 培训期限

2.1.1 初级工：累计培训不少于500标准学时。

2.1.2 中级工：在取得初级职业资格的基础上累计不少于400标准学时。

2.1.3 高级工：在取得中级职业资格的基础上累计不少于400标准学时。

2.1.4 技师：在取得高级职业资格的基础上累计不少于500标准学时。

2.1.5 高级技师：在取得技师职业资格的基础上累计不少于350标准学时。

2.2 培训教师资格

2.2.1 具有中级以上专业技术职称的工程技术人员和高级工、技师可以担任初、中级工的培训教师。

2.2.2 具有高级以上专业技术职称的工程技术人员和高级技师可以担任高级工、技师和高级技师的培训教师。

2.3 培训场地设备

2.3.1 具备本职业（工种）理论知识的培训教室和教学设备。

2.3.2 具有基本技能训练的实习场所及实际操作训练设备。

2.3.3 本厂生产现场实际设备。

2.4 培训项目

2.4.1 培训目的：通过培训达到《职业技能鉴定规范》对本职业的知识和技能要求。

2.4.2 培训方式：以自学与讲课相结合的方式，进行基础知识讲课和技能训练。

2.4.3 培训重点：

（1）知识要求：熟悉水轮发电机机械各部件的名称、结构及相互关系；熟悉水轮发电机的一般工作原理、型号、类型、布置方式及基本参数；熟悉水轮发电机巡回检查的项目及运行规范；熟悉水轮发电机正常检修的顺序、方法与主要质量标准以及水轮发电机各部件的间隙、中心、水平、高程等调整的方法；熟悉水轮发电机油、水、风管路系统布置、作用、检修及耐压试验方法。了解水轮机及调速系统的基本知识；了解厂内桥式起重机的型号及主要工作参数。了解本岗位所属辅助设备的检修工艺及要求；能对发电机运行故障进行分析、判断和缺陷处理。

（2）技能要求：熟悉精密量具的结构、原理、使用及保管知识；喷灯、风动、电动、液动工具的工作原理及使用方法。了解轴承合金、填料等常用材料的名称、规格、性能和用途。熟悉水轮发电机组机械检修常用工具的使用方法；管路的下料和配置。

2.5 培训大纲

本职业技能培训大纲，以模块组合（MES）——模块（MU）——学习单元（LE）的结构模式进行编写（见表 1）；职业技能模块及学习单元对照选择见表 2；学习单元名称见表 3。

表1　　　　　　　　培　训　大　纲

模块序号及名称	单元序号及名称	学习目标	学习内容	学习方式	参考学时
MU1 发电厂检修人员职业道德	LE1 发电检修工职业道德	通过本单元的学习，了解发电检修人员职业道德规范，并能自觉遵守行为规范准则和电力法规的规定	1. 热爱祖国、热爱本职工作 2. 刻苦学习、钻研技术 3. 爱护设备、仪表等技工器具 4. 团结协作、有奉献精神 5. 遵章守纪、安全文明施工 6. 尊师爱徒、严守岗位职责	自学	2
MU2 安全规范、检验及验收规范	LE2 电业安全工作规程水力发电厂动力部分	通过本单元的学习，了解掌握安全规定并做好安全工作	1. 发电检修工应具备的条件 2. 安全工作的注意事项 3. 安全工作的政策、法规和规章制度 4. 保证安全的组织措施	讲课	8
MU3 识图	LE3 识图的基本知识	通过本单元的学习，了解并掌握机械制图的基本知识，能看懂设备的结构图、安装图、系统图等各种图纸，能绘制一般零件加工图等	1. 机械制图的基本知识 2. 常用零件图、装配图的识图 3. 零件图的测绘方法及绘制 4. 公差配合、表面粗糙度、形位公差的知识	现场实际讲课	12
	LE4 看懂一般设备的结构图、立体图及系统图，并懂得图上符号的意义	通过本单元的学习，看懂一般设备的结构图、立体图及系统图，并懂得图上符号的意义	1. 看懂一般设备的结构图 2. 看懂一般设备的立体图及系统图 3. 懂得图上符号的意义	现场实际讲课与自学	4
	LE5 绘制简单的系统图及零件加工图	通过本单元的学习，能够绘制简单的系统图及零件加工草图	1. 练习绘制简单的系统图及零件加工草图 2. 掌握基本的绘图技巧	现场实际讲课	4

续表

模块序号及名称	单元序号及名称	学习目标	学习内容	学习方式	参考学时
MU3 识图	LE6 机械制图的基本知识	通过本单元的学习，熟悉机械制图的基本知识	学习机械制图的基本知识	讲课与自学	2
	LE7 看懂较复杂的设备结构图、水轮发电机组布置图、立体图和安装图	通过本单元的学习，能够看懂较复杂的设备结构图、水轮发电机组布置图、立体图和安装图	学习较复杂的设备结构图、水轮发电机组布置图、立体图和安装图	讲课与自学	8
	LE8 看懂复杂的设备结构图、水轮发电机组布置图、立体图和安装图	通过本单元的学习，能看懂复杂的设备结构图、水轮发电机组布置图、立体图和安装图	学习复杂的设备结构图、水轮发电机组布置图、立体图和安装图	讲课	4
MU4 材料、常用工器具	LE9 一般常用工器具的名称、型号、规格及使用、保养方法	通过本单元的学习，能够掌握一般常用工器具的名称、型号、规格及使用、保养方法	学习一般常用工器具的名称、型号、规格及使用、保养方法	现场实际讲课	2
	LE10 常用量具的名称、规格及使用、保养方法	通过本单元的学习，熟悉并掌握常用量具的名称、规格及使用、保养方法	学习直尺、卷尺、水平尺（仪）、量角尺等常用量具的名称、规格及使用、保养方法	现场实际讲课	8
	LE11 金属材料的基础知识	通过本单元的学习，了解金属材料的基础知识	学习常用金属材料的名称、规格、性能和用途	现场实际讲课	8

续表

模块序号及名称	单元序号及名称	学习目标	学习内容	学习方式	参考学时
MU4 材料、常用工器具	LE12 安装自用设备的名称、型号、规格及使用、保养方法	通过本单元的学习，熟悉各种常用工具的使用方法及保养知识	学习水压试验泵、坡口机、弯管机等安装自用设备的名称、型号、规格及使用、保养方法	现场实际讲课	8
	LE13 常用安装材料的名称、规格及使用、保养方法	通过本单元的学习，了解常用安装材料的基础知识	五金零件、填料、垫料、涂料等常用、安装材料的名称、规格及使用、保养方法	现场实际讲课	4
	LE14 常用手动、电动及风动工具的保养	通过本单元的学习，掌握与本工种有关的常用手动、电动及风动工具的保养	1. 本工种有关的常用手动、电动及风动工具的使用方法 2. 本工种有关的常用手动、电动及风动工具的保养	讲课	2
	LE15 正确使用砂轮机、切割机、弯管机等工具进行一般的管子加工	通过本单元的学习，正确使用砂轮机、切割机、弯管机等工具进行一般的管子加工	1. 本工种有关的专用工具使用方法 2. 砂轮机、切割机、弯管机等工具的使用方法 3. 进行一般的管子加工	现场实际讲课与自学	4
	LE16 正确使用千斤顶、手拉葫芦、电动葫芦等一般起重工具	通过本单元的学习，熟悉一般起重工具的使用方法	练习使用千斤顶、手拉葫芦、电动葫芦等一般起重工具	现场实际讲课与自学	2

续表

模块序号及名称	单元序号及名称	学习目标	学习内容	学习方式	参考学时
MU4 材料、常用工器具	LE17 各种精密工具及测量仪器的维护、保养、使用方法	通过本单元的学习，熟悉水平仪、万能角尺、精密力矩扳手等本工种所用各种精密工具及测量仪器的维护、保养、使用方法	练习使用水平仪、万能角尺、精密力矩扳手等本工种所用各种精密工具及测量仪器的维护、保养、使用方法	现场实际讲课	4
	LE18 本工种常用金属材料和金属检验、无损探伤的基本知识	通过本单元的学习，熟悉本工种常用金属材料和金属检验、无损探伤的基本知识	学习本工种常用金属材料和金属检验、无损探伤的基本知识	讲课	4
	LE19 本专业各种专用工具和制造厂提供的特殊工具的性能、维护、保养、使用方法	通过本单元的学习，熟悉本专业各种专用工具和制造厂提供的特殊工具的性能、维护、保养、使用方法	学习并熟悉本专业各种专用工具和制造厂提供的特殊工具的性能、维护、保养、使用方法	讲课	4
	LE20 本专业各种管道材料及阀门的名称、规格、性能及材料代用原理	通过本单元的学习，熟悉本专业各种管道材料及阀门的名称、规格、性能及材料代用原理	学习本专业各种管道材料及阀门的名称、规格、性能及材料代用原理	现场实际讲课与自学	4
MU5 相关工种和技能	LE21 电工及热工的基础初步知识	通过本单元的学习，熟悉电工及热工的基础初步知识	了解电工及热工的基础初步知识	现场实际讲课与自学	4
	LE22 钳工的初步知识	通过本单元的学习，熟悉钳工的初步知识	钳工操作	现场实际讲课	4

续表

模块序号及名称	单元序号及名称	学习目标	学习内容	学习方式	参考学时
MU5 相关工种和技能	LE23 焊接、起重的初步知识	通过本单元的学习，熟悉焊接、起重的初步知识	焊接、起重的操作	现场实际讲课	4
	LE24 掌握刮削、修理、装配等钳工操作技能	通过本单元的学习，熟悉掌握刮削、修理、装配等钳工操作技能	刮削、修理、装配等钳工操作	现场实际自学	2
	LE25 焊接、起重的操作技能	通过本单元的学习，熟悉掌握焊接、起重的基本操作技能	焊接、起重的操作基本技能	现场实际讲课	2
MU6 管件、附件的名称、结构、规格、性能和使用范围	LE26 阀门、法兰、弯头、变径接头、三通、伸缩节等一般管件的名称、结构、规格、性能和使用范围	通过本单元的学习，熟悉一般管件的名称、结构、规格、性能和使用范围	学习一般管件的名称、结构、规格、性能和使用范围	讲课	6
MU7 辅机设备及附属机械安装工艺要求及技能方法	LE27 轴承检修安装	通过本单元的学习，熟悉轴承检修安装方法、检修技能及质量要求	1. 滚动轴承检修安装方法及注意事项 2. 滑动轴承检修安装方法及注意事项	讲课	2
	LE28 一般转动零部件的检查测量	通过本单元的学习，熟悉一般转动零部件的检查测量及质量要求	1. 轴弯曲度的测量与校直 2. 轴颈圆度的测量 3. 联轴器径向晃动的测量与调整方法 4. 水泵叶轮摆度的测量和调整 5. 轴窜动量的测量与调整	自学与实际操作	6

续表

模块序号及名称	单元序号及名称	学习目标	学习内容	学习方式	参考学时
MU7 辅机设备及附属机械安装工艺要求及技能方法	LE29 主要辅助设备检修安装	通过本单元的学习，熟悉主要辅助设备的检修安装	1. 滤水器的检修安装 2. 送、排风机的检修安装 3. 顶转子油泵的检修安装 4. 高压油顶起装置的检修安装 5. 各种冷却器的检修安装	自学与实际操作	10
MU8 主机设备及附属机械安装工艺要求及技能方法	LE30 主要设备检修安装的基础知识	通过本单元的学习，熟悉主要设备的检修安装工艺及要求	1. 发电机各部件间隙的测量方法及调整方法 2. 发电机各部件振动、摆度的测量方法及调整方法 3. 发电机各部件中心、高程的测量方法及调整方法 4. 机组各部油、水、风系统的检查和耐压试验方法 5. 推力瓦与上、下导瓦的修刮 6. 磁极键、磁轭键的修配及打键方法	现场实际讲课与自学	6
	LE31 主要设备常见故障的分析及处理	通过本单元的学习，熟悉主要设备常见故障的分析及处理方法	1. 发电机油、水、风系统的原理图 2. 发电机通风原理及设备分布 3. 发电机正常大、小修及正常检查项目 4. 发电机各部位焊缝开焊的处理 5. 发电机各部位螺栓的紧固和质量要求 6. 常见缺陷的分析	现场实际讲课与自学	6
MU9 分部试运	LE32 发电机检修完毕的投运条件及机组开机试验时的各项试验项目	通过本单元的学习，熟悉发电机检修完毕的投运条件及机组开机试验时的各项试验项目	1. 发电机开机条件 2. 机组各项试验	讲课	2

续表

模块序号及名称	单元序号及名称	学习目标	学习内容	学习方式	参考学时
MU10 质量、安全与施工技术管理	LE33 正确、完整的填写检修技术记录	通过本单元的学习，掌握正确、完整的填写检修技术记录	练习填写检修技术记录	现场实际学习	2
	LE34 制订所施工项目的施工组织措施和工艺技术措施	通过本单元的学习，掌握制定所施工项目的施工组织措施和工艺技术措施	制定所施工项目的施工组织措施和工艺技术措施	现场实际学习	4
	LE35 编写所施工项目的总结报告	通过本单元的学习，掌握编写所施工项目的总结报告	编写所施工项目的总结报告	现场实际学习	4
	LE36 结合所施工项目的特点制定特殊的施工安全措施与组织措施	通过本单元的学习，掌握结合所施工项目的特点制订特殊的施工安全措施与组织措施	结合所施工项目的特点制定特殊的施工安全措施与组织措施	现场实际学习	4
	LE37 运用全面质量管理知识进行施工工艺质量控制管理	通过本单元的学习，掌握运用全面质量管理知识进行施工工艺质量控制管理	运用全面质量管理知识进行施工工艺质量控制管理	现场实际学习	4
MU11 发电机及辅助设备先进技术介绍及应用	LE38 了解发电机及辅助设备技术发展的状况	通过本单元的学习，了解发电机及辅助设备技术发展的状况	了解发电机及辅助设备技术发展的状况	讲课与自学	2

表 2　职业技能模块及学习单元对照选择表

模块		MU1	MU2	MU3	MU4	MU5	MU6	MU7	MU8	MU9	MU10	MU11
内容		发电厂检修人员职业道德	安全规范、检验及验收规范	识图	材料、常用工器具	相关工种和技能	管件、附件的名称、结构、规格、性能和使用范围	辅机设备及附属机械安装工艺要求及技能方法	主机设备及附属机械安装工艺要求及技能方法	分部试运	质量、安全与施工技术管理	发电机及辅助设备先进技术介绍及应用
参考学时		2	8	34	54	16	6	18	12	2	18	2
适用等级		初级 中级 高级 技师 高级技师	初级 中级 高级 技师 高级技师	初级 中级 高级 技师 高级技师	初级 中级 高级 技师 高级技师	初级 中级 高级 技师 高级技师	初级 中级 高级 技师 高级技师	初级 中级 高级 技师 高级技师	初级 中级 高级 技师 高级技师	中级 高级 技师 高级技师	高级 技师 高级技师	高级 技师 高级技师
LE学习单元选择	初	1	2	3，4，5，6，7	9，10，11，12，13，14，15，16，17	21，22，23，24	26	27，28	30			
	中	1	2	3，4，5，6，7，8	9，10，11，12，13，14，15，16，17，18，19，20	21，22，23，24，25	26	27，28，29	30，31	32		

续表

模块		MU1	MU2	MU3	MU4	MU5	MU6	MU7	MU8	MU9	MU10	MU11
LE学习单元选择	高	1	2	3，4，5，6，7，8	9，10，11，12，13，14，15，16，17，18，19，20	21，22，23，24，25	26	27，28，29	30，31	32	33，34，35，36，37	38
	技师	1	2	3，4，5，6，7，8	9，10，11，12，13，14，15，16，17，18，19，20	21，22，23，24，25	26	27，28，29	30，31	32	33，34，35，36，37	38
	高级技师	1	2	3，4，5，6，7，8	9，10，11，12，13，14，15，16，17，18，19，20	21，22，23，24，25	26	27，28，29	30，31	32	33，34，35，36，37	38

表 3　　　　学习单元名称表

单元序号	单元名称	单元序号	单元名称
LE1	发电检修工职业道德	LE20	本专业各种管道材料及阀门的名称、规格、性能及材料代用原理
LE2	电业安全工作规程水力发电厂动力部分	LE21	电工及热工的基础初步知识
LE3	识图的基本知识	LE22	钳工的初步知识
LE4	看懂一般设备的结构图、立体图及系统图，并懂得图上符号的意义	LE23	焊接、起重的初步知识
LE5	绘制简单的系统图及零件加工图	LE24	掌握刮削、修理、装配等钳工操作技能
LE6	机械制图的基本知识	LE25	焊接、起重的操作技能
LE7	看懂较复杂的设备结构图、水轮发电机组布置图、立体图和安装图	LE26	阀门、法兰、弯头、变径接头、三通、伸缩节等一般管件的名称、结构、规格、性能和使用范围
LE8	看懂复杂的设备结构图、水轮发电机组布置图、立体图和安装图	LE27	轴承检修安装
LE9	一般常用工器具的名称、型号、规格及使用、保养方法	LE28	一般转动零部件的检查测量
LE10	常用量具的名称、规格及使用、保养方法	LE29	主要辅助设备检修安装
LE11	金属材料的基础知识	LE30	主要设备检修安装的基础知识
LE12	安装自用设备的名称、型号、规格及使用、保养方法	LE31	主要设备常见故障的分析及处理
LE13	常用安装材料的名称、规格及使用、保养方法	LE32	发电机检修完毕的投运条件及机组开机试验时的各项试验项目
LE14	常用手动、电动及风动工具的保养	LE33	正确、完整的填写检修技术记录
LE15	正确使用砂轮机、切割机、弯管机等工具进行一般的管子加工	LE34	制订所施工项目的施工组织措施和工艺技术措施
LE16	正确使用千斤顶、手拉葫芦、电动葫芦等一般起重工具	LE35	编写所施工项目的总结报告
LE17	各种精密工具及测量仪器的维护、保养、使用方法	LE36	结合所施工项目的特点制订特殊的施工安全措施与组织措施
LE18	本工种常用金属材料和金属检验、无损探伤的基本知识	LE37	运用全面质量管理知识进行施工工艺质量控制管理
LE19	本专业各种专用工具和制造厂提供的特殊工具的性能、维护、保养、使用方法	LE38	了解发电机及辅助设备技术发展的状况

3 职业技能鉴定

3.1 鉴定要求

鉴定内容及考核双向细目表按照本职业（工种）《中华人民共和国职业技能鉴定规范·电力行业》执行。

3.2 考评人员

考评人员是在规定的工种（职业）、等级和类别范围内，依据国家职业技能鉴定规范和国家职业技能鉴定试题库电力行业分库试题，对职业技能鉴定对象进行考核、评审工作的人员。

考评人员分考评员和高级考评员。考评员可承担初、中、高级技能鉴定；高级考评员可承担初、中、高级技能等级和技师、高级技师资格考评。其任职条件是：

3.2.1 考评员必须具有高级工、技师或者中级专业技术职务以上的资格，具有 15 年以上本工种专业工龄；高级考评员必须具有高级技师或者高级专业技术职务的资格，取得考评员资格并具有 1 年以上实际考评工作经历。

3.2.2 掌握必要的职业技能鉴定理论、技术及方法，熟悉职业技能鉴定的有关法律、法规和政策，有从事职业技术培训、考核的经历。

3.2.3 具有良好的职业道德，秉公办事，自觉遵守职业技能鉴定考评人员守则和有关规章制度。

鉴定试题库

4

4.1 理论知识（含技能笔试）试题

4.1.1 选择题

下列每题都有 4 个答案，其中只有 1 个正确答案，将正确答案填在括号内。

La5A1001　力的三要素中任何一个改变，力对物体的作用效果也随之（A）。

（A）改变；（B）不变；（C）减少；（D）不一定。

La5A1002　效率η总是（C）。

（A）大于 1；（B）等于 1；（C）小于 1；（D）不等于 1。

La5A1003　作用力和反作用力等值、反向、共线，并分别作用在（B）个相互作用的物体上，它们不能抵消，不会平衡。

（A）1；（B）2；（C）3；（D）4。

La5A1004　物体由于运动而具有的能量称为（A）。

（A）动能；（B）势能；（C）机械能；（D）惯能。

La5A1005　物体由于受外界影响（如升高、变形等）而具有的能量称为（B）。

（A）动能；（B）势能；（C）机械能；（D）惯能。

La5A1006　金属之所以是良导体是因为一切金属（A）。

（A）内部存在大量的自由电子；（B）内部的电子比其他物质多；（C）内部的电荷多；（D）内部存在大量的原子。

La5A1007　力对物体的作用效果是（A）。

（A）使物体产生形变或使物体的运动状态发生改变；（B）转动；（C）移动；（D）做功。

La5A1008　国际单位制中把（A）作为质量的单位。

（A）kg；（B）kgf；（C）g；（D）t。

La5A1009　金属加热到一定温度会由固态熔化成液态，开始转化的温度称为（B）。

（A）沸腾点；（B）熔点；（C）可熔性；（D）熔解温度。

La5A1010　强度是金属材料的（B）性能之一。

（A）物理；（B）机械；（C）工艺；（D）化学。

La5A1011　在圆柱体外表面上的螺纹叫（C）螺纹。

（A）内；（B）阴；（C）外；（D）圆。

La5A1012　螺纹逆时针旋入称为（B）旋螺纹。

（A）右；（B）左；（C）上；（D）下。

La5A2013　材料力学的主要任务是研究分析构件的（D），既能保证构件可靠地工作又能最大限度地节省材料。

（A）受力和稳定；（B）受力和强度；（C）受力和刚度；（D）强度、刚度和稳定性。

La5A2014　向心轴承主要承受（C）载荷。

（A）轴向；（B）斜向；（C）径向；（D）径向和轴向。

La5A2015　（A）是指金属材料在载荷外力的作用下，产生永久变形（塑性变形）而不被破坏的能力。

（A）塑性；（B）强度；（C）刚度；（D）柔韧性。

La5A2016　随着钢的含碳量的增加，其强度也将随着（B）。

（A）下降；（B）提高；（C）不变；（D）不一定变。

La5A2017　ϕ30是（A）尺寸。

（A）基本；（B）极限；（C）偏差；（D）公差。

La5A2018　国标规定，孔和轴的配合分（C）类。

（A）一；（B）二；（C）三；（D）四。

La5A2019　水轮发电机推力轴承所用的润滑油为（A）。

（A）透平油；（B）绝缘油；（C）空压机油；（D）齿轮箱油。

La4A1020　当某力 R 对刚体的作用效果与一个力系对该刚体的作用效果相同时，该力 R 为该力系的（A）。

（A）合力；（B）分力；（C）作用力；（D）反作用力。

La4A1021　物体的惯性是指物体（C）原有运动状态的能力。

（A）改变；（B）加强；（C）保持；（D）减弱。

La4A1022　（D）是衡量单位时间内力对物体做功多少的物理量。

（A）动能；（B）势能；（C）效率；（D）功率。

La3A2023 力的作用效果有两种：一是使物体的运动状态改变；二是使物体产生（C）。

（A）运动；（B）动量；（C）变形；（D）静止。

La3A2024 平衡力系的特征是合力（A）。

（A）为零；（B）无穷大；（C）无穷小；（D）相等。

La2A2025 一般碳钢的密度为（C）。

（A）$7.20g/cm^3$；（B）$8.20g/cm^3$；（C）$7.85g/cm^3$；（D）$8.85g/cm^3$。

La2A2026 摩擦轮传动不宜传递较大的扭矩，仅适用于（C）场合。

（A）高速、大功率；（B）低速、大功率；（C）高速、小功率；（D）低速、小功率。

La3A2027 平键连接（B）限制零件的轴向位移。

（A）能；（B）不能；（C）有时能；（D）不能确定。

La3A2028 只承受弯矩作用而不传递扭矩的轴件，叫作（C）。

（A）转轴；（B）传动轴；（C）心轴；（D）曲轴。

La3A3029 工程上广泛应用的视图依据（B）的原理而绘制。

（A）中心投影；（B）平行投影；（C）侧投影；（D）轴侧。

La3A3030 约束反力的方向总是与被限制物体运动趋势的方向（B）。

（A）相同；（B）相反；（C）任意方向；（D）相抵消。

La3A3031 材料力学中，物体的变形有（B）种基本变形形式。

（A）4；（B）5；（C）6；（D）7。

La3A3032 工程上，物体截面单位面积上的内力称为（A）。

（A）应力；（B）压强；（C）应变；（D）扩张力。

La2A3033 机械传动中，主动轮和从动轮两者的转速与两轮直径成（B）。

（A）正比；（B）反比；（C）相等；（D）平方关系。

La1A2034 （C）主要用于污物较多或容易生锈的场合。

（A）三角形螺纹；（B）梯形螺纹；（C）圆形螺纹；（D）矩形螺纹。

Lb5A1035 （B）式装置的水轮发电机，主要用于明槽贯流式、虹吸贯流式机组以及十几米水头以下的其他型式的小型水轮发电机组。

（A）立；（B）卧；（C）斜；（D）立、卧。

Lb5A1036 飞逸转速越高，水轮发电机对材质的要求越（B），材料的消耗量就越（B）。

（A）高，少；（B）高，多；（C）低，多；（D）低，少。

Lb5A1037 推力轴承只承受（A）载荷。

（A）轴向；（B）斜向；（C）径向；（D）轴向和径向。

Lb5A1038 装在发电机定子上部的为（A）机架。

（A）上；（B）下；（C）斜；（D）主要。

Lb5A1039　转子磁极挂装后，磁极键上端部（D）。

（A）搭焊；（B）不搭焊；（C）不点焊；（D）点焊。

Lb5A2040　转子质量在水轮发电机组中（A）。

（A）最大；（B）较大；（C）居中；（D）一般。

Lb5A2041　中低速大中型水轮发电机多采用（A）式装置。

（A）立；（B）卧；（C）斜；（D）立、卧。

Lb5A2042　半伞式水轮发电机的主要特点是（A）。

（A）有中导轴承；（B）有上导轴承和下导轴承；（C）有下导轴承和中导轴承；（D）推力轴承上部有导轴承。

Lb5A2043　伞式水轮发电机的主要特点是（C）。

（A）推力轴承位于转子下部；（B）有上导轴承和下导轴承；（C）有下导轴承和中导轴承；（D）有中导轴承和上导轴承。

Lb5A2044　定子铁芯是水轮发电机组（B）的主要通道。

（A）电路；（B）磁路；（C）磁场；（D）电场。

Lb5A2045　国内常用的转子支架结构型式有（D）种。

（A）一；（B）二；（C）三；（D）四。

Lb5A2046　磁极是产生水轮发电机主磁场的（B）部件。

（A）动力；（B）电磁感应；（C）固定；（D）转动。

Lb5A2047　悬吊型水轮发电机的下机架为（B）机架。

（A）负荷；（B）非负荷；（C）不一定；（D）第二。

Lb5A2048　转子是水轮发电机的（A）部件。

（A）旋转；（B）固定；（C）移动；（D）旋转和固定。

Lb5A3049 **水轮发电机主轴的结构型式有（B）种。**

（A）一；（B）二；（C）三；（D）四。

Lb5A3050 **悬吊型水轮发电机的上机架为（A）机架。**

（A）负荷；（B）减载；（C）空载；（D）非负荷。

Lb5A3051 **伞型水轮发电机的上机架为（B）机架。**

（A）负荷；（B）非负荷；（C）空载；（D）承载。

Lb5A4052 **大中型水轮发电机组的制动环厚度一般为（D）左右。**

（A）10mm；（B）20mm；（C）40mm；（D）60mm。

Lb4A1053 **立式水轮发电机，按其（A）的装设位置不同，分为悬吊型和伞型两大类。**

（A）推力轴承；（B）上导轴承；（C）下导轴承；（D）水导轴承。

Lb4A1054 **SFS表示（C）水轮发电机。**

（A）立式空冷；（B）卧式；（C）立式双水内冷；（D）贯流。

Lb4A1055 **SFD表示（D）。**

（A）卧式；（B）立式空冷；（C）贯流式；（D）水轮发电—电动机。

Lb4A1056 **水轮发电机的效率高，说明它的损耗（A）。**

（A）少；（B）多；（C）不变；（D）无损耗。

Lb4A2057 **水轮发电机转动惯量 J 与其飞轮力矩 GD^2 的**

关系为（D）。

（A）$GD^2=J$；（B）$GD^2=gJ$；（C）$GD^2=4J$；（D）$GD^2=4gJ$。

Lb4A2058　在机组容量相同条件下，其效率η随着转速的提高而（A）。

（A）提高；（B）降低；（C）不变；（D）无关。

Lb4A2059　水轮发电机定子的扇形冲片，通常由（D）厚的导磁率很高的硅钢片冲制而成。

（A）0.1mm；（B）0.25mm；（C）0.4mm；（D）0.5mm。

Lb4A2060　硅钢片中含硅量越高，其可塑性就（B）。

（A）越大；（B）越小；（C）不变；（D）不一定变。

Lb4A2061　分段轴结构适用于中低速大容量（B）水轮发电机。

（A）悬吊；（B）伞型；（C）半伞型；（D）全伞型。

Lb4A2062　推力轴承是一种稀油润滑的（B）轴承。

（A）滚动；（B）滑动；（C）固定；（D）向心。

Lb4A2063　推力头的作用是承受并传递水轮发电机组的（C）负荷及其转矩。

（A）径向；（B）斜向；（C）轴向；（D）轴向和径向。

Lb4A2064　推力瓦抗重螺钉的头部为（C）面。

（A）平；（B）斜；（C）球；（D）锥。

Lb4A2065　弹性支柱式推力轴承与刚性支柱式推力轴承的主要区别在于（B）部分。

（A）推力瓦；（B）支柱；（C）镜板；（D）底座。

Lb4A2066　弹性支柱式推力轴承的承载能力比刚性支柱式推力轴承的承载能力（C）。

（A）低；（B）一样；（C）高；（D）差不多。

Lb4A2067　近年来，国内外在中低速大容量水轮发电机的设计中，已逐渐倾向于（C）风扇。

（A）改进；（B）增加；（C）取消；（D）减少。

Lb4A2068　弹性支柱式推力轴承，通过弹性油箱可自动调整各推力瓦的（A）使其平衡，因而各瓦之间的温差较小。

（A）受力；（B）水平；（C）距离；（D）间隙。

Lb4A2069　上导瓦抗重螺栓的头部为（C）面。

（A）斜；（B）平；（C）球；（D）锥。

Lb4A2070　目前，国内外大型水轮发电机采用的（A）冷却方式仍处于主流地位。

（A）全空冷；（B）水冷；（C）水空冷；（D）自然冷。

Lb4A2071　一般推力头与主轴采用（C）配合。

（A）过盈；（B）间隙；（C）过渡；（D）基孔。

Lb4A2072　对于容量在几千瓦以下的小型水轮发电机组，采用（A）盘车。

（A）人工；（B）机械；（C）电动；（D）自动。

Lb4A3073　一般制造厂家的设计标准是保证机组在飞逸工况下运行（B）而不损坏。

（A）1min；（B）2min；（C）3min；（D）4min。

Lb4A3074　刚性支柱式推力轴承推力瓦的单位压力比弹性支柱式推力轴承推力瓦的单位压力（C）。

（A）高；（B）一样；（C）低；（D）不能确定。

Lb4A3075　推力瓦的周向偏心率 *e* 是指推力瓦支撑点沿镜板旋转方向偏离推力瓦（B）向对称中心线的距离。

（A）轴；（B）周；（C）径；（D）切向。

Lb4A3076　周向偏心率 *e* 取下限，可使推力瓦具有较大的承载能力，但推力瓦的温升将（C）。

（A）不变；（B）减小；（C）增大；（D）不一定变。

Lb4A3077　目前，国内大多数水轮发电机均采用（A）导轴承。

（A）多块瓦式；（B）筒式；（C）楔子板式；（D）弹簧式。

Lb4A3078　转子磁轭和磁极是水轮发电机的主要（C）元件，整个通风系统中，其作用占（C）。

（A）压力，50%～60%；（B）阻力，70%～80%；（C）压力，80%～90%；（D）阻力，50%～60%。

Lb4A3079　磁轭键的斜度一般为（D）。

（A）1:50；（B）1:125；（C）1:150；（D）1:200。

Lb4A3080　双活塞式制动器在操作上突出的特点是（B）。

（A）具有两个活塞；（B）油气分家；（C）采用“O”形密封圈；（D）使用方便。

Lb4A3081 贯穿推力轴承镜板镜面中心的垂线，称为机组的（**C**）。

（A）轴线；（B）中心线；（C）旋转中心线；（D）实际中心线。

Lb4A3082 机组在运转中，由于主轴轴线与其旋转中心线不重合，形成沿旋转轴长度方向呈圆锥形的轴线运动，若将主轴横截面圆周等分为若干点，当某一个轴号通过安装在固定部件上的百分表时的读数，称为（**C**）。

（A）摆度；（B）相对摆度；（C）绝对摆度；（D）净摆度。

Lb4A3083 巴氏合金推力瓦周向热变形量往往是周向机械变形量的（**B**）。

（A）1～2倍；（B）2～3倍；（C）3～4倍；（D）4～5倍。

Lb4A4084 在整个通风系统中，定子风阻占总风阻的（**C**）左右。

（A）50%；（B）60%；（C）70%；（D）80%。

Lb4A4085 当定子制动电流及定子电阻为恒定时，电制动转矩与机组转速所成的比例为（**B**）。

（A）反比；（B）正比；（C）1:1；（D）1:2。

Lb3A2086 同步发电机利用（**A**）原理工作。

（A）电磁感应；（B）能量守恒；（C）热传导；（D）机械。

Lb3A2087 水轮发电机推力轴承的推力瓦，使用下列材料的最高允许温度为（**A**）。

（A）锡基轴承合金，70℃；（B）铅基轴承合金，70℃；（C）耐磨铸铁，100℃；（D）锡基轴承合金，150℃。

Lb3A2088　水电厂桥式起重机的额定起重量是根据（A）来选择的。

（A）水轮机发电机转子质量；（B）水轮发电机组转动部分质量；（C）水轮发电机的总质量；（D）转轮和大轴质量。

Lb3A2089　根据水力机组布置方式不同，水轮发电机可分为（B）两类。

（A）悬型和伞型；（B）立式和卧式；（C）反击式和冲击式；（D）同步和异步。

Lb3A2090　磁极挂装在（B）上。

（A）轮毂；（B）磁轭；（C）磁极键；（D）定子。

Lb3A2091　推力轴承的各组成部件中，转动的部件是（C）。

（A）推力头、推力瓦；（B）镜板、油槽；（C）推力头、镜板；（D）推力瓦、镜板。

Lb3A2092　推力轴承油槽内油的作用是（C）。

（A）散热；（B）润滑；（C）润滑和散热；（D）绝缘传动。

Lb3A2093　导轴承在运行中承受（B）载荷。

（A）轴向；（B）径向；（C）轴向和径向；（D）所有。

Lb3A2094　制动器的作用是（C）。

（A）制动；（B）停机；（C）顶转子或制动；（D）检修。

Lb3A2095　水轮发电机组主轴常常是（A）。

（A）阶梯轴；（B）光轴；（C）分段轴；（D）整轴。

Lb3A3096 水轮发电机组停机时，长期低转速运转，将对机组造成的主要危害是（C）。

（A）多耗水，不经济；（B）导水机构容易被汽蚀；（C）损坏推力轴承及导轴承；（D）引起推力瓦的磨损。

Lb3A3097 水轮发电机比较新的一种制动技术是（A）。

（A）电制动；（B）机械制动；（C）风闸制动；（D）多次制动。

Lb2A2098 推力轴承托盘的作用主要是为了（A）。

（A）减小推力瓦的变形；（B）便于放置推力瓦；（C）增加瓦的刚度；（D）瓦的基础。

Lb2A2099 悬式水轮发电机组推力轴承承受的质量是（C）。

（A）发电机转子的质量；（B）发电机转动部分质量；（C）机组转动部分质量和轴向水推力；（D）发电机总质量。

Lb2A2100 发电机检修期间，拆卸推力头或抽出推力瓦时，整个机组转动部分质量落在（D）上。

（A）上机架；（B）下机架；（C）定子机座；（D）制动器。

Lb2A3101 负荷机架的支臂结构形式一般为（C）。

（A）井字型或桥型；（B）桥型；（C）辐射型或桥型；（D）井字型或桥型。

Lb2A4102 （D）是反映转动部分在转动过程中惯性大小的量。

（A）质量；（B）重量；（C）刚度；（D）转动惯量。

Lb2A4103　在任何情况下，各导轴承处的摆度均不得大于（C）。

（A）相对摆度；（B）全摆度；（C）轴承的设计间隙值；（D）净摆度。

Lb1A2104　摆度圆的（B）就是通常所说的摆度。

（A）半径；（B）直径；（C）周长；（D）大小。

Lb1A3105　水轮发电机组的转动惯量主要决定于（C）。

（A）磁轭和轮毂；（B）主轴和磁极；（C）磁轭和磁极；（D）定子铁芯。

Lb1A3106　功率因数 $\cos\phi$=（A）。

（A）P/S；（B）P/Q；（C）Q/S；（D）S/P。

Lb1A4107　水轮发电机一般都为（B）式三相（B）发电机。

（A）凸极，异步；（B）凸极，同步；（C）隐极，同步；（D）隐极，异步。

Lb1A4108　发电机定子铁芯外径大于（A）时，可以采用分瓣定子。

（A）3m；（B）4m；（C）5m；（D）2m。

Lb1A4109　转子励磁电源应是（B）电。

（A）交流；（B）直流；（C）整流；（D）交直流。

Lc5A1110　电能质量的主要指标是（C）。

（A）电流和电压；（B）有功和无功；（C）频率和电压；（D）容量和功率因数 $\cos\phi$。

Lc5A2111　焊接性能是金属材料的（C）性能之一。

（A）物理和化学；（B）机械；（C）工艺；（D）化学。

Lc5A2112　含碳量（A）2.11%的铁碳合金称为铸铁。

（A）大于；（B）等于；（C）小于；（D）小于或等于。

Lc5A3113　在生产现场进行检修或安装工作时，为了保证安全的工作条件和设备的安全运行，防止发生事故，发电厂各分厂及有关的施工基建单位，必须严格执行（A）制度。

（A）工作票；（B）操作监护；（C）检查；（D）监护制度。

Lc4A1114　透平油 HU-20 比 HU-30 的运动黏度（C）。

（A）大；（B）一样；（C）小；（D）不可比较。

Lc4A1115　绝缘油在设备中的作用是（C）、散热和消弧。

（A）润滑；（B）密封；（C）绝缘；（D）防护。

Lc4A1116　电力生产的方针为（C）。

（A）先生产，后安全；（B）速度第一，安全第二；（C）安全第一，预防为主，综合治理；（D）安全第一，速度第二。

Lc4A1117　所有升降口、大小口洞、楼梯和平台，必须装设不低于（C）的栏杆。

（A）1.50m；（B）1.20m；（C）1.05m；（D）1.40m。

Lc4A2118　额定容量 S_e 是指一台水轮发电机长期安全运行的最大允许输出（C）功率。

（A）有功；（B）无功；（C）视在；（D）额定功率。

Lc4A2119　导叶漏水量较大的机组，导叶全关后，机组转

速很难达到25%n_e，则制动转速应适当（A）。

（A）提高；（B）降低；（C）不变；（D）可提高也可降低。

Lc4A2120　在低转速重载荷的机械摩擦部位常用（B）润滑。

（A）钙基润滑脂；（B）钠基润滑脂；（C）锂基润滑脂；（D）钼基润滑脂。

Lc3A2121　空气冷却器、油冷却器和直接水冷水轮发电机的热交换器的进水温度不得超过（C）。

（A）20℃；（B）25℃；（C）30℃；（D）35℃。

Lc3A2122　（B）主要用于连接和定位。

（A）销；（B）键；（C）轴；（D）法兰。

Lc3A2123　螺距（C）导程。

（A）等于；（B）不等于；（C）无法确定；（D）小于。

Lc3A2124　反映电能质量的指标是（A）和频率。

（A）电压；（B）电流；（C）有功功率；（D）功率因数。

Lc2A2125　定子铁芯和绕组分别是形成发电机（B）的两个部件。

（A）电路和磁路；（B）磁路和电路；（C）磁场和电场；（D）电压和电流。

Lc2A3126　公差（A）上偏差与下偏差之差。

（A）等于；（B）不等于；（C）大于；（D）小于。

Lc2A4127　滚动轴承与滑动轴承相比，效率（A）。

（A）较高；（B）较低；（C）相等；（D）不一定。

Lc1A5128　转动惯量影响着水轮发电机组及电力系统的（B）。

（A）速动性；（B）稳定性；（C）安全性；（D）波动性。

Lc1A3129　不平行度是（B）。

（A）尺寸公差；（B）形位公差；（C）部件形状；（D）部件参数。

Jd5A1130　当两人各在测力器两侧，同时用50N力对拉，测力计上的示值是（B）。

（A）100N；（B）50N；（C）25N；（D）0N。

Jd5A1131　推小车时，人给小车一作用力，小车也给人一反作用力，此二力属于（B）。

（A）二力平衡；（B）作用力与反作用力；（C）作用力与约束反力；（D）人对小车的作用力。

Jd5A1132　37.37mm=（D）。

（A）1.443in；（B）1.496in；（C）1.438in；（D）1.471in。

Jd5A1133　读值为0.05mm和0.02mm的游标卡尺刻线原理及读数方法与0.01mm的游标卡尺（C）。

（A）基本相同；（B）完全不同；（C）完全相同；（D）互为补充。

Jd5A1134　使用千分尺时，首先应（D）。

（A）使零线与中线对准；（B）确定读数方法；（C）检查是否完好；（D）校核标准尺寸。

Jd5A1135　百分表是利用机械传动，将被测量零件的尺寸（A）通过读数表盘表示出来的一种测量工具。

（A）变化放大后；（B）直线运动变为圆周运动；（C）直线径移量；（D）变化大小。

Jd5A2136　皮带传动的传动比计算公式为：*i*=（B）。

（A）$n_1n_2=D_2D_1$；（B）$n_1d_1=n_2d_2$；（C）$n_1d_2=n_1D_2$；（D）$D_1/n_1=D_2/n_2$。

Jd5A2137　螺距 *t* 是指（A）的轴向距离。

（A）相邻两牙在中径线对应点间；（B）两牙顶点；（C）相邻两牙最小径；（D）牙根。

Jd5A2138　用剖切面完全地剖开机件所得的剖视图称为（A）。

（A）全剖视图；（B）视图；（C）投影；（D）剖面。

Jd5A2139　基孔制中的基准孔用代号（A）表示。

（A）H；（B）I；（C）M；（D）N。

Jd5A2140　*M*20 表示粗牙普通螺纹（B）为 20mm。

（A）直径；（B）大径；（C）中径；（D）小径。

Jd5A2141　*G*1 表示英寸制管螺纹，内径为（B）。

（A）1cm；（B）25.4mm；（C）1mm；（D）1dm。

Jd5A2142　圆锥销的公称直径是指（B）直径。

（A）大头；（B）小头；（C）中间；（D）平均。

Jd5A2143　布氏硬度用符号（C）表示。

（A）HR；（B）Hr；（C）HB；（D）HS。

Jd5A2144　标题栏在零件图中（A）。

（A）必须有；（B）可有可无；（C）不需要；（D）根据需要确定。

Jd5A3145　若干零件按一定的装配关系和技术要求装配起来的表示部件或机器的图样称为（B）。

（A）零件图；（B）装配图；（C）剖视图；（D）加工图。

Jd5A3146　*M*20×1.5 中，1.5 表示（A）为 1.5mm。

（A）螺距；（B）导程；（C）线数；（D）直径。

Jd4A2147　设原图形的比例为 1:10，将其局部结构放大 5 倍，局部放大图应标明的比例为（C）。

（A）5:1；（B）2:1；（C）1:2；（D）1:5。

Jd4A2148　粗点画线用于（C）。

（A）范围线；（B）假想投影轮廓线；（C）有特殊要求的线或表面表示线；（D）轨迹线。

Jd4A2149　在同一张图纸内，视图按基本视图配置时，视图名称（B）。

（A）一律标注；（B）一律不标注；（C）除后视图外一律不标注；（D）一律标注，但打括号。

Jd4A2150　采用旋转剖时，箭头表示（A）。

（A）投影方向；（B）旋转方向；（C）图形配置方向；（D）既是投影又是旋转方向。

Jd4A2151 **现要拆 *M*10 的螺丝，可使用开口大于（B）的活动扳手。**

（A）10mm；（B）15mm；（C）20mm；（D）25mm。

Jd4A2152 **锉削时工件的（D）决定应选择哪种形状的锉刀。**

（A）加工余量；（B）精度；（C）材料性质；（D）形状。

Jd3A2153 **绘制同一机件的各个视图，应当采用（A）的比例。**

（A）相同；（B）不同；（C）任意；（D）1:5。

Jd3A2154 **图样中尺寸以（C）为单位时，不需标注其计量单位的代号或名称，如采用其他单位时，则必须注明。**

（A）m；（B）cm；（C）mm；（D）dmm。

Jd3A2155 **画机件的立体图通常采用（A）投影法。**

（A）轴测；（B）中心；（C）平行；（D）正。

Jd3A2156 **生产上常用的螺纹为（B）。**

（A）左旋螺纹；（B）右旋螺纹；（C）梯形螺纹；（D）矩形螺纹。

Jd3A2157 **（A）主要用于连接。**

（A）三角形螺纹；（B）梯形螺纹；（C）圆形螺纹；（D）矩形螺纹。

Jd3A2158 **（B）主要是为了防止连接的松动。**

（A）平垫圈；（B）弹簧垫圈；（C）胶皮垫；（D）方垫圈。

Jd3A2159　锯割前应选用合适的锯条，使锯条齿尖朝（A）装入夹头销钉上。

（A）前；（B）后；（C）上；（D）下。

Jd3A4160　机件的基本视图有（D）个。

（A）3；（B）4；（C）5；（D）6。

Jd2A2161　（B）主要用于传动。

（A）三角形螺纹；（B）梯形螺纹；（C）圆形螺纹；（D）矩形螺纹。

Jd2A5162　锉削曲线一般采用（B）。

（A）顺锉法；（B）滚锉法；（C）堆锉法；（D）反复锉。

Je5A1163　机械制动是水轮发电机组的一种（B）制动方式。

（A）唯一；（B）传统；（C）先进；（D）不常用。

Je5A1164　磁轭键的作用是将（C）牢固地固定在转子支架的支臂上。

（A）磁极；（B）转子支臂；（C）磁轭；（D）转子。

Je5A1165　磁轭下部装有（C）。

（A）磁轭键；（B）磁轭；（C）制动环；（D）风闸。

Je5A1166　磁极键的作用是将（A）牢固地固定在转子支架的磁轭上。

（A）磁极；（B）转子支臂；（C）磁轭；（D）转子。

Je5A2167　直径方向对应两点的百分表读数之差为（D）

摆度。

（A）相对；（B）净；（C）净全；（D）全。

Je5A2168 测量仪器精度越高，被测物件的测量值就（B）。

（A）越低；（B）越精确；（C）不变；（D）越多。

Je5A2169 一般当机组非弹性金属塑料推力轴瓦转速下降到本机额定转速的（B）n_e时，投入制动器加闸停机。

（A）40%；（B）35%；（C）30%；（D）25%。

Je5A2170 通常制动气压为（D）。

（A）10MPa；（B）1MPa；（C）0.8MPa；（D）0.6～0.8MPa。

Je5A2171 用500V绝缘电阻表检查推力支架对地的绝缘电阻应不小于（B）。

（A）0.1MΩ；（B）1MΩ；（C）5MΩ；（D）0.5MΩ。

Je5A2172 水轮发电机的额定转速越高，对轴线的要求（A）。

（A）越高；（B）越低；（C）不变；（D）无。

Je5A2173 制动加闸过程中，制动环表面温度急剧升高，因而产生（A）变形，有的出现龟裂现象。

（A）热；（B）冷；（C）形状；（D）暂时。

Je5A2174 推力瓦面接触点一般为（C）。

（A）1～3个/cm^2；（B）2～4个/cm^2；（C）2～3个/cm^2；（D）4～6个/cm^2。

Je5A2175 单只推力冷却器耐压试验，设计无规定时，试

验压力一般为工作压力的（D）。

（A）1 倍；（B）1.5 倍；（C）1.25 倍；（D）2 倍。

Je5A2176 导轴瓦面的接触点一般为（A）。

（A）1～3 个/cm^2；（B）2～4 个/cm^2；（C）3～5 个/cm^2；（D）4～6 个/cm^2。

Je5A3177 水轮发电机的推力轴承是一种（C）轴承。

（A）滚动；（B）导；（C）滑动；（D）向心。

Je5A3178 镜板与推力头分解时，拆卸的先后顺序为（A）。

（A）先拔销钉，后拆螺丝；（B）后拔销钉，先拆螺丝；（C）无关系；（D）可先可后。

Je5A3179 按推力轴承的支撑结构划分，当前推力轴承的型式主要有（C）种。

（A）1；（B）2；（C）3；（D）4。

Je5A4180 制动环一般采用（A）号钢板制成。

（A）Q235；（B）35；（C）40；（D）T8。

Je5A4181 镜板多为（A）锻钢制成。

（A）45 号；（B）40 号；（C）A3；（D）T9。

Je5A5182 空气冷却器、油冷却器的冷却水压力一般按（D）设计。

（A）0.1～0.15MPa；（B）0.1～0.2MPa；（C）0.1～0.3MPa；（D）0.2～0.3MPa。

Je5A5183 转子测圆后，转子各半径与平均半径之差应不大于设计空气间隙的（A）。

（A）±4%；（B）±2%；（C）±5%；（D）±10%。

Je4A1184　水轮发电机导轴承所用油为（A）。

（A）透平油；（B）机械油；（C）压缩机油；（D）齿轮箱油。

Je4A1185　透平油在推力油槽及上导油槽中起散热作用，在水电厂其他方面还有（A）作用。

（A）润滑；（B）减小水推力；（C）绝缘；（D）节约能源。

Je4A1186　推力轴瓦是弹性金属塑料瓦的水轮发电机组的停机制动转速一般为（C）。

（A）30%n_e；（B）25%n_e；（C）15%～20%n_e；（D）10%n_e。

Je4A1187　定子和转子间的气隙,其最大值或最小值与其平均值之差应不超过平均值的（A）。

（A）±8%；（B）±15%；（C）±20%；（D）±25%。

Je4A2188　拉紧螺杆和齿压板，是用来将定子铁芯在（A）压紧的部件。

（A）轴向；（B）径向；（C）轴向、径向；（D）周向。

Je4A2189　在“一导”半伞式机组结构中，水轮机的主动力矩传递，是通过主轴与转子轮毂之间的键和借主轴与轮毂间的（C）配合来实现的。

（A）过渡；（B）间隙；（C）过盈；（D）连接。

Je4A2190　除轮毂型之外，推力头与主轴均采用（A）键连接。

（A）平；（B）换；（C）切向；（D）花。

Je4A2191 **推力头与主轴多采用（B）制过渡配合并热套主轴。**

（A）基孔；（B）基轴；（C）基孔或基轴；（D）公差配合。

Je4A2192 **导轴承钨金瓦的瓦温报警值一般在（C）左右。**

（A）40℃；（B）50℃；（C）60℃；（D）70℃。

Je4A2193 **制动器的闸瓦面安装后的高程偏差不应超过（A）。**

（A）±1mm；（B）±2mm；（C）±3mm；（D）±1.5mm。

Je4A2194 **通过采取某些措施强行阻止油雾外逸的办法，称为推力轴承外甩油的（A）处理。**

（A）阻挡法；（B）均压法；（C）引放法；（D）排除法。

Je4A2195 **导轴承间隙应由有经验的两人测量，允许误差在（C）之内。**

（A）0.1mm；（B）0.05mm；（C）0.01mm；（D）0.5mm。

Je4A2196 **研磨镜板用研磨膏、研磨液（如煤油）调好后，要用（D）过滤后，方可使用。**

（A）纱布；（B）棉布；（C）帆布；（D）绢布。

Je4A2197 **研磨镜板有小平台的转向为俯视（A）。**

（A）顺时针；（B）逆时针；（C）先逆时针后顺时针；（D）先顺时针后逆时针。

Je4A3198 **刚性支柱式推力轴承平均运行瓦温比弹性支柱式推力轴承平均瓦温（A）。**

（A）高；（B）一样；（C）低；（D）不能确定。

Je4A3199 推力头加温通常采用（A）加热法。

（A）电热器；（B）铜损；（C）铁损；（D）乙炔。

Je4A3200 固定部件几何中心的连线，称为机组的（A）。

（A）中心线；（B）旋转中心线；（C）理论中心线；（D）实际中心线。

Je4A3201 对于单位压力较大的推力轴承适当增大其（B），对改善其运动性能、提高承载能力、增加油膜厚度是有利的。

（A）冷却水量；（B）偏心率；（C）推力瓦厚度；（D）冷却水压。

Je4A3202 磁极键拔出后，每对键应打上与（B）相同的顺序号，并用白布将其捆在一起。

（A）磁轭；（B）磁极；（C）磁轭和磁极；（D）支臂。

Je4A3203 为下次机组大修拔键的方便，长键的上端应留出（C）左右的长度。

（A）100mm；（B）150mm；（C）200mm；（D）250mm。

Je4A3204 制动器凸环齿顶面与托板下部凹槽的搭接量 Δh_i<（B）时，应更换新制动板。

（A）1mm；（B）2mm；（C）3mm；（D）4mm。

Je4A3205 液压支柱式推力轴承是通过测量（B）变形来调整推力瓦受力的。

（A）托盘；（B）弹性油箱；（C）平衡地；（D）推力瓦。

Je4A4206 在机组检修工作中，对转子圆度的测量工作主要目的在于检查转子（A）有无明显变化。

（A）圆度；（B）高程；（C）质量；（D）斜度。

Je4A4207 转子磁极圆度在同一个标高上所测半径的最大值与最小值之差应小于发电机设计空气间隙或实测平均空气间隙的（**A**）。

（A）±4%；（B）10%；（C）15%；（D）20%。

Je4A4208 目前，大中型水轮发电机组，止漏环和转轮室的圆度，其最大直径与最小直径之差控制在设计间隙值的（**B**）以内。

（A）±5%；（B）±10%；（C）±15%；（D）±20%。

Je4A4209 定子内径圆度，各径与平均半径之差不应大于发电机设计空气间隙值的（**A**）。

（A）±4%；（B）±10%；（C）±15%；（D）±20%。

Je4A4210 定子平均中心与固定止漏环（或转轮室）的平均中心的偏差最好控制在（**C**）之内，最严重者应不超过**1.0mm**。

（A）0.10～0.30mm；（B）0.20～0.40mm；（C）0.30～0.50mm；（D）0.40～0.50mm。

Je4A4211 主轴某测量部位，某轴号的净摆度值与直径方向对应轴号的净摆度之差，称为该部位该直径方向上的（**D**）。

（A）摆度；（B）全摆度；（C）净摆度；（D）净全摆度。

Je4A4212 主轴某测量部位，某轴号的净摆度值除以限位导轴承中心至该测量部位设表处的轴长之商，称为主轴在该测量部位该轴号处的（**D**）。

（A）摆度；（B）净摆度；（C）净全摆度；（D）相对摆度。

Je4A4213 如个别磁极因较明显地（A）而造成该磁极处的转子圆度不合格，须检查一下磁极铁芯与磁轭是否已经相接触，如尚有间隙时，可通过再打紧磁极键的办法使该磁极向里位移。

（A）凸出；（B）凹入；（C）不平；（D）变形。

Je4A4214 推力头套装时加温不宜太快，一般控制在（C）左右。

（A）5～10℃/h；（B）10～15℃/h；（C）15～20℃/h；（D）20～25℃/h。

Je4A4215 研磨镜板的小平台的旋转速度为（C）为宜。

（A）5r/min；（B）7r/min；（C）5～7r/min；（D）15r/min。

Je3A2216 最近几年制动器密封多采用（C）结构。

（A）牛皮碗密封；（B）橡胶碗密封；（C）“O”形密封圈；（D）石棉垫密封。

Je3A2217 采用热紧法紧固螺栓后，（A）对紧度进行抽查。

（A）需要；（B）不需要；（C）首先；（D）不一定。

Je3A2218 悬吊型水轮发电机主轴与水轮机主轴连接的形式多采用（B）连接。

（A）螺纹；（B）法兰；（C）键；（D）热套。

Je3A2219 大型伞型机组与水轮机主轴连接的形式多采用（A）连接。

（A）法兰；（B）螺纹；（C）键；（D）热套。

Je3A2220　轮毂加温一般是用电炉配合（B）法进行的。

（A）铜损；（B）铁损；（C）外加热；（D）内加热。

Je3A2221　制动闸油压试验，如无特殊规定，一般采用的工作压力的倍数和试验时间为（C）。

（A）1.25 倍，60min；（B）1.5 倍，30min；（C）1.25 倍，30min；（D）1.3 倍，10min。

Je3A2222　油冷却器严密性耐压水压试验时，如无特殊规定，一般采用的工作水压的倍数和试验时间为（D）。

（A）1.25 倍，20min；（B）1.5 倍，30min；（C）1.3 倍，25min；（D）1.25 倍，30min。

Je3A2223　用推力瓦研磨镜板时，采用的方法为（A）。

（A）瓦动，镜板不动；（B）镜板动，瓦不动；（C）镜板动，支撑架不动；（D）瓦动，支撑架不动。

Je3A2224　推力瓦刮削进行到最后时应当按照图纸要求，刮好（A）。

（A）进油边；（B）出油边；（C）甩油的地方；（D）进油边和出油边。

Je3A3225　将磁极挂装到位后，把两根长键的斜面均匀地涂上一薄层白铅油，按（C）对号插入键槽。

（A）小头朝下，斜面朝外；（B）大头朝下，斜面朝外；（C）小头朝下，斜面朝里；（D）大头朝下，斜面朝里。

Je3A3226　在打键前应检查一遍磁极标高，其允许误差一般为（A）。

（A）±（1～2）mm；（B）±（2～3）mm；（C）±（3～

4）mm；（D）±（4～5）mm。

Je3A4227　一般的三视图，是指主视图、俯视图和（C）。

（A）仰视图；（B）后视图；（C）左视图；（D）右视图。

Je2A2228　推力刮瓦花时，前后两次的刀花应互成（A）。

（A）90°；（B）60°；（C）180°；（D）75°。

Je2A2229　发电机转子主轴一般用中碳钢（C）而成。

（A）铸造；（B）焊接；（C）整体锻制；（D）铆接。

Je2A2230　扩修中吊出镜板后镜面朝（A），放于水平的方木或专用支架上。

（A）上；（B）下；（C）任意方向；（D）方便工作方向。

Je2A2231　发电机定子测温装置安装后，其对地绝缘不得小于（A）。

（A）0.5MΩ；（B）1MΩ；（C）0.1MΩ；（D）0.3MΩ。

Je2A3232　发电机推力轴承座与基础之间用绝缘垫隔开可防止（D）。

（A）击穿；（B）受潮；（C）漏油；（D）轴电流。

Je2A3233　热打磁轭键应在冷打磁轭键（B）进行。

（A）之前；（B）之后；（C）同时；（D）不能确定。

Je2A3234　刮削推力瓦所用的标准水平板面积不宜小于推力瓦面面积的（B）。

（A）1/2；（B）2/3；（C）4/5；（D）11/20。

Je2A3235 上机架安装后，要求检查机架与定子各组合面的接触情况，规定接触面应达到（C）以上。

（A）55%；（B）65%；（C）75%；（D）85%。

Je2A3236 在顶转子之前，通常采用在各制动板上部加垫的方法进行制动器制动板（B）的调整工作。

（A）水平；（B）高程；（C）间隙；（D）波浪度。

Je2A3237 用塞尺测量抗重螺栓头部与瓦背支撑点间的（A）距离，即为该瓦处轴承间隙值。

（A）最小；（B）平均；（C）最大；（D）直线。

Je2A4238 水电站的排水类型中，除了检修排水外还有（A）排水。

（A）渗漏；（B）生活；（C）水泵；（D）生产。

Je2A4239 灭火环管的喷水孔，要求正对（D）。

（A）定子绕组；（B）磁极；（C）电缆；（D）定子绕组端部。

Je2A4240 使用风闸顶转子时，工作油压一般在（C）。

（A）7～8MPa；（B）7～12MPa；（C）8～12MPa；（D）18～20MPa。

Je1A2241 镜板吊出并翻转使镜面朝上放好后，镜面上涂一层（D），贴上一层描图纸，再盖上毛毡，周围拦上，以防磕碰。

（A）汽油；（B）煤油；（C）柴油；（D）润滑油。

Je1A3242 在发电机安装工作中，常用（A）。

（A）统筹方法；（B）计划方法；（C）指挥法；（D）多方商量法。

Je1A3243 磁轭铁片压紧后，叠压系数应不小于（B）。

（A）90%；（B）99%；（C）95%；（D）98%。

Je1A3244 推力瓦的受力调整，应使各个托盘的受力与平均值相差不超过（C）为合格。

（A）±15%；（B）±5%；（C）±10%；（D）±20%。

Je1A4245 镜板安装后要求测量镜板水平，水平值为（A）则达到合格。

（A）0.02～0.03mm/m；（B）0.03～0.04mm/m；（C）0.03～0.05mm/m；（D）0.05～0.10mm/m。

Je1A4246 转子找正时以定子和转子之间的（C）为依据，计算出中心偏差方向。

（A）高程差；（B）不平衡程度；（C）空气间隙；（D）相对位置。

Je1A4247 吊转子前，制动器加垫找平时的加垫厚度应考虑转子抬起高度满足镜板与推力瓦面离开（C）的要求。

（A）1～2mm；（B）3～4mm；（C）4～6mm；（D）5～8mm。

Je1A4248 无论是转子正式吊入或吊出之前，当转子提升（C）高时，应暂停十几分钟，由专人检查起重梁及其他吊具的水平及挠度情况。

（A）5～10mm；（B）10～15mm；（C）10～20mm；（D）15～20mm。

Je1A4249 转子测圆一般以（B）为宜，以便核对。

（A）1～2 圈；（B）2～3 圈；（C）3～4 圈；（D）5～6 圈。

Je1A4250 如果转子存在依次几个磁极处的转子半径偏小时，可考虑采用通过打紧该部位的（**B**）键使局部磁轭外张的办法。

（A）磁极；（B）磁轭；（C）磁极和磁轭；（D）传动。

Je1A4251 发电机机架水平的测量应严格要求，水平误差不大于（**A**），测量部位应选经加工的油槽顶面互成 **90°** 的方向。

（A）0.1mm/m；（B）0.05mm/m；（C）0.5mm/m；（D）0.2mm/m。

Je1A4252 推力轴承受力调整时，应在主轴和机组转动部分分别处于（**B**）位置时进行。

（A）水平，静止；（B）垂直，中心；（C）静止，静止；（D）水平，中心。

Jf5A2253 直角尺是用来检查工件（**C**）直角。

（A）内；（B）外；（C）内外；（D）多个。

Jf5A2254 热处理的目的是为了（**A**）钢的性能。

（A）改善；（B）恢复；（C）破坏；（D）不能改变。

Jf5A2255 灰口铸铁用代号（**D**）表示。

（A）A；（B）B；（C）C；（D）HT。

Jf5A2256 工作票终结后应保存（**B**）个月。

（A）2；（B）3；（C）4；（D）5。

Jf5A2257 **Z44T-10** 中 **Z** 表示（**A**）。

（A）闸阀；（B）球阀；（C）截止阀；（D）安全阀。

Jf5A2258 用钢板尺测量工件，读数时视线必须跟钢板尺的尺面相（A）。

（A）垂直；（B）倾斜；（C）平行；（D）不垂直。

Jf5A3259　未经企业相关领导批准的人员签发的工作票（B）。

（A）有效；（B）无效；（C）可有效，可无效；（D）可先操作后签发。

Jf5A3260　运行人员未做好安全措施之前，检修人员（B）进行工作。

（A）能；（B）不能；（C）自己做好措施后；（D）可先操作后做措施。

Jf5A3261　在金属容器内应使用（B）以下的电气工具。

（A）12V；（B）24V；（C）36V；（D）48V。

Jf5A3262　一般情况下，行灯电压不应超过（C）。

（A）12V；（B）24V；（C）36V；（D）48V。

Jf5A5263　电气工具每（D）个月试验一次。

（A）3；（B）4；（C）5；（D）6。

Jf4A1264　钢丝绳破坏的主要原因是（A）。

（A）弯曲；（B）疲劳；（C）拉断；（D）压扁。

Jf4A1265　油压机在使用过程中只允许使用的方向是（B）。

（A）水平；（B）竖直；（C）倾斜；（D）任意方向。

Jf4A1266　普通低合金钢焊接时，最容易出现的焊接裂纹

是（C）。

（A）热裂纹；（B）再热裂纹；（C）冷裂纹；（D）层状裂纹。

Jf4A1267　普通碳素结构钢焊缝金属中的合金元素主要是从（C）中过渡来的。

（A）药皮；（B）母材；（C）焊芯；（D）药皮和母材。

Jf4A1268　“O”形密封圈的压缩率在（C）时具有良好的密封性能。

（A）2%～3%；（B）4%～5%；（C）5%～7%；（D）6%～8%。

Jf4A1269　在水泵、电动机的滚动轴承以及易与水或潮气接触的润滑部位上常用（A）。

（A）钙基润滑脂；（B）钠基润滑脂；（C）锂基润滑脂；（D）钼基润滑脂。

Jf4A1270　各级领导人员（A）发出违反安规的命令。

（A）不准；（B）允许；（C）有时可以；（D）经上级领导同意后。

Jf4A1271　工作人员接到违反安全规程的命令，应（A）。

（A）拒绝执行；（B）认真执行；（C）先执行，后请示；（D）先请示，后执行。

Jf4A1272　工作票应用钢笔或圆珠笔填写一式（B）份。

（A）一；（B）二；（C）三；（D）四。

Jf4A1273　检修工作如不能按计划期限完成，必须由（A）办理工作延期手续。

（A）工作负责人；（B）工作许可人；（C）工作成员；（D）班长。

Jf4A2274　励磁机是供给水轮发电机（B）励磁电流的。

（A）定子；（B）转子；（C）永磁机；（D）辅助发电机。

Jf4A2275　励磁机是一种专门设计的（B）发电机。

（A）交流；（B）直流；（C）整流；（D）交直流。

Jf4A2276　湿手（A）触摸电灯开关及其他电气设备（安全电压的电气设备除外）。

（A）不准；（B）可以；（C）有时可以；（D）尽量不准。

Jf4A2277　喷灯油筒内的油量应不超过油量容积的（D）。

（A）1/2；（B）1/3；（C）1/4；（D）3/4。

Jf4A2278　使用塞尺时，一般不应超过（A）片。

（A）2；（B）3；（C）4；（D）5。

Jf4A2279　在特别潮湿或周围均属金属导体的地方工作时，行灯的电压应不超过（A）。

（A）12V；（B）24V；（C）36V；（D）48V。

Jf4A2280　塞尺是用于测量结合面的（B）。

（A）中心；（B）间隙；（C）水平；（D）深度。

Jf3A2281　剖面图和剖视图（B）同一种形式的图样。

（A）是；（B）不是；（C）有时是；（D）不能确定。

Jf3A2282　为了拔键省力，在开始拔键前 0.5h 左右，从磁

极键槽向下倒些（C）以浸润两结合面的铅油。

（A）汽油；（B）柴油；（C）煤油；（D）清油。

Jf3A2283 使用百分表时，测杆的触头应（B）被测零件的表面。

（A）平行；（B）垂直；（C）接触于；（D）靠近。

Jf3A3284 串联电路中，各负荷（B）相等。

（A）电压；（B）电流；（C）功率；（D）电阻。

Jf3A3285 并联电路中，各负荷（A）相等。

（A）电压；（B）电流；（C）功率；（D）电阻。

Jf3A3286 将一对键按装配位置夹在台虎钳上，分别测量5～10点厚度，并用刮刀、锉刀修理，使其厚度误差控制在（B）之内。

（A）0.1mm；（B）0.2mm；（C）0.3mm；（D）0.4mm。

Jf3A3287 检查焊缝表面裂纹的常用方法是（D）。

（A）超声波探伤；（B）磁粉探伤；（C）X射线探伤；（D）着色检验。

Jf3A3288 在机组的转动部件施焊时，转动部件应（B）。

（A）不接地线；（B）接地线；（C）不一定接地线；（D）根据需要接地线。

Jf2A2289 温度计引线的渗油主要是由于（C）而引起的。

（A）虹吸现象；（B）热发现象；（C）毛细现象；（D）轴电流。

Jf2A2290 （A）型温度计，是根据导体电阻随温度升高成正比例增加的特性而制成的。

（A）电阻；（B）膨胀；（C）红外线；（D）水银。

Jf2A3291 螺钉头部的槽在俯视图上，应画成与中心线倾斜（B）。

（A）30°；（B）45°；（C）60°；（D）180°。

Jf2A4292 磁极接头处搭接面积，以接触电流密度计算应不大于（A）。

（A）$0.25A/mm^2$；（B）$0.25mA/mm^2$；（C）$0.25A/cm^2$；（D）$0.35A/mm^2$。

Jf1A2293 滑动轴承选择润滑剂时以（B）为主要指标。

（A）闪点；（B）黏度；（C）密度；（D）酸值。

Jf1A2294 当含碳量大于（A）时容易产生冷裂纹。

（A）0.45%～0.55%；（B）0.15%～0.25%；（C）0.35%～0.40%；（D）0.25%～0.35%。

Jf1A2295 发电机大型部件运输道路的坡度不得大于（C）。

（A）5°；（B）10°；（C）15°；（D）30°。

Jf1A4296 水轮发电机在额定转速及额定功率因数时，电压与额定值的偏差不应超过（A）。

（A）±5%；（B）±10%；（C）±3%；（D）±4%。

Jf1A4297 使用麻绳、棕绳捆扎重物时，其安全系数是（B）。

（A）10；（B）6；（C）3.5；（D）8。

Jf1A5298 吊索绳的夹角一般不大于 90°，最大不得超过（A）。

（A）120°；（B）150°；（C）100°；（D）200°。

Jf1A5299 为保证工作的安全性，工作开工前除办理工作票外，工作组成员还应进行必要的（B）。

（A）请示；（B）危险点分析；（C）汇报；（D）安全手续。

Jf1A5300 水泵的安装高度受（B）的控制，否则将抽不上水。

（A）扬程；（B）真空度；（C）电动机功率；（D）流量。

4.1.2 判断题

判断下列描述是否正确。对的在括号内打“√”，错的在括号内打“×”。

La5B1001 静力学主要研究求合力和平衡条件两个问题。（√）

La5B1002 平衡是指物体处于静止状态。（×）

La5B1003 水流经过水轮机时，将水能转换成机械能，水轮机的转轴又带动发电机的转子，将机械能转换成电能而输出。（√）

La5B1004 水电站有坝后式、引水式和混合式三种基本类型。（√）

La5B2005 金属材料分黑色金属材料和有色金属材料两大类。（√）

La5B2006 热处理过程是使固态金属加热的工艺过程。（×）

La5B2007 金属材料的性能一般分为使用性能和工艺性能两类。（√）

La5B2008 根据密度大小，可将金属分为轻金属和重金属两类。（√）

La5B2009 金属材料的机械性能是衡量金属材料的主要指标之一。（√）

La5B2010 工艺过程就是指金属材料的加工制造过程。（×）

La5B2011 自然界中，金属元素大约占 3/4 左右。（√）

La5B2012 金属具有良好的导电性。（√）

La5B2013 热处理对充分发挥材料的潜在能力、节约材料、降低成本有着重要的意义。（√）

La5B2014 自然界中的化学元素分金属和非金属两大类。（√）

La5B3015 在静力学中，常把研究的物体视为刚体。（√）

La5B3016 平衡力系的特征是合力不等于零。（×）

La5B3017 力永远是成对出现的。（√）

La5B3018 轨道是天车轮子的约束。（√）

La5B3019 力矩是用力和力臂的乘积来表示的。（√）

La5B3020 在一对拉力作用下，机件产生的伸长变形，称为轴向伸长。（√）

La5B3021 内力是物体原有的一种力。（×）

La5B3022 以弯曲变形为主要变形的构件统称为梁。（√）

La5B3023 一个点的一面正投影只能表述一个坐标。（√）

La5B4024 一个空间点到 x、y、z 3 个坐标轴的距离相等，则这个点到 3 个投影面的距离相等。（√）

La5B4025 在投影轴上的点，其投影始终落在轴上。（√）

La5B4026 虎克定律表明应力和应变成正比。（×）

La4B1027 导电性是物体的基本特征。（×）

La4B2028 力在脱离物体的作用下可以存在。（×）

La4B2029 摩擦是物体机械运动中普遍存在的现象。（√）

La4B3030 强度是金属材料的机械性能之一。（√）

La4B3031 钢和生铁都是以铁、碳为主的合金。（√）

La4B3032 机械效率越高越好。（×）

La4B3033 45 号钢表示平均含碳量为 0.45%的优质碳素结构钢。（√）

La4B3034 凡带螺纹的零件，其内外螺纹总是成对配合使用，而且它们的螺纹要素必须完全一致。（√）

La4B3035 公差是公称尺寸之差。（×）

La4B4036 碳素钢按其用途可分为碳素结构钢和碳素工具钢两类。（√）

La4B4037 我国现行的公差与国际公差是通用的。（√）

La3B1038 电流是由电场产生的。（×）

La3B1039 作用力和反作用力是一对平衡力。（×）

La3B1040 力偶对物体有移动效果。（×）

La3B1041 摩擦系数为摩擦角的正切值。（√）

La3B2042 螺纹的公称直径是指它的最小直径。（×）

La3B2043 螺距和导程是同一概念。（×）

La2B2044 在任何时候，材料的应变与其所承受的应力成正比。（×）

La2B2045 配合包括过盈配合和间隙配合。（×）

La2B3046 平面任意力系可能有两个平衡方程。（√）

La2B3047 材料力学把研究的对象当做刚体。（×）

La2B3048 凸轮联轴器又叫靠背轮。（√）

La2B4049 国际规定了配合的两种基准制，即过盈配合和过渡配合。（×）

La2B5050 公差分上偏差和下偏差两种。（×）

La1B2051 滚动轴承按照承受载荷方向，分为向心轴承和推力轴承。（×）

La1B3052 基本尺寸相同的，相互结合的孔和轴公差带之间的关系称为配合。（√）

La1B5053 螺旋传动的作用是将直线运动变为螺旋运动，在生产上应用广泛。（×）

Lb5B1054 水轮发电机按机组布置方式分有立式装置、卧式装置两种形式。（√）

Lb5B1055 中、低速大、中型水轮发电机，绝大多数采用立式装置。（√）

Lb5B1056 立式装置的水轮发电机，按上导轴承装设位置不同，分为悬吊型和伞型两大类。（×）

Lb5B1057 悬吊型水轮发电机的推力轴承位于上部机架上，在转子的上方，通过推力头将机组整个旋转部位悬挂起来。（√）

Lb5B2058 伞型水轮发电机的推力轴承，装置在转子下方的下部机架上或者装置在位于水轮机顶盖上的推力支架上。（√）

Lb5B2059 定子是水轮发电机的旋转部件之一。（×）

Lb5B2060 定子机座只承受上部机架以及装置在上部机架上的其他部件的质量。（×）

Lb5B2061 转子是水轮发电机的旋转部件之一。（√）

Lb5B2062 水轮发电机主轴分为一根轴和分段轴两种结构形式。（√）

Lb5B2063 水轮发电机推力轴承工作性能的好坏，直接关系到机组的安全和稳定运行。（√）

Lb5B2064 目前，国内大多数水电站的水轮发电机均采用分块式导轴承。（√）

Lb5B3065 水轮发电机组的推力轴承，承受整个水轮发电机组转动部分的质量以及水轮机的轴向水推力。（√）

Lb5B3066 推力轴承油循环方式有内循环和外循环两种。（√）

Lb5B3067 判断导轴承性能好坏的标志是能否形成足够的工作油膜厚度。（×）

Lb5B4068 水轮发电机的冷却效果对机组的经济技术指标没有影响。（×）

Lb5B4069 油管路包括压力油管路、进油管路、排油管路和漏油管路。（√）

Lb4B1070 水轮发电机的型号是其类型和特点的简明标志。（√）

Lb4B2071 推力轴承中油循环方式仅起着润滑的作用。（×）

Lb4B2072 负荷机架主要承受机组的径向负荷。（×）

Lb4B2073 定子的扇型片由 0.5mm 厚的导磁率很高的硅钢片冲制而成。（√）

Lb4B2074 透平油在设备中的作用仅起润滑作用。（×）

Lb4B2075 绝缘油在设备中的作用是绝缘、散热和消弧。（√）

Lb4B2076 发电机空气冷却器产生凝结水珠的原因是周围环境空气湿度及温差过大。（√）

Lb4B2077 目前，机械制动仍是国内外水轮发电机组的一种主要制动方式。（√）

Lb4B2078 推力头只起承受并传递水轮发电机组水推力的作用。（×）

Lb4B2079 一个良好的通风系统的唯一标志是水轮发电机实际运行产生的风量应达到设计值并略有余量。（×）

Lb4B3080 机组开停机必须使用高压油顶起装置。（×）

Lb4B3081 水轮发电机在运行中因机组故障等突然甩负荷，发电机输出功率为零，此时如水轮机调速机构失灵或其他原因使导水机构不能关闭，则水轮机转速迅速升高。这时就叫做“飞逸”（俗称“飞车”）。（√）

Lb4B3082 机组的主轴分段越多，对保障机组轴线质量越有利。（×）

Lb4B3083 贯穿推力轴承镜板镜面中心的垂线，称为机组的旋转中心。（√）

Lb4B3084 对于混流式机组中心线是定子平均中心与水轮机固定止漏环平均中心的连线。（√）

Lb4B3085 相对摆度是衡量一台机组轴线质量的重要标志。（√）

Lb4B3086 机组动平衡试验是新机组或改造过的机组启动时的一个重要试验。（√）

Lb4B3087 一般一根轴结构的大、中型水轮发电机多用热套和键结构。（√）

Lb4B3088 推力轴承只承受水轮发电机组转动部分质量。（×）

Lb4B3089 导轴承的冷却水压越高越好。（×）

Lb4B3090 推力轴承甩油属内甩油。（×）

Lb4B4091 无特殊要求时，不能随便调整推力瓦的受

力。（√）

Lb3B1092 我国水轮发电机型号采用汉语拼音标注法。（√）

Lb3B1093 发电机的转速取决于磁极对数的多少。（√）

Lb3B2094 水轮发电机发出的电为三相交流电，频率为50Hz。（√）

Lb3B2095 立式水轮发电机，根据布置方式不同分为悬式和伞式。（×）

Lb3B3096 悬吊型水轮发电机上机架为荷重机架。（√）

Lb3B3097 推力轴承只承受轴向力。（√）

Lb3B4098 大、中型水轮发电机导轴承多采用水冷却方式。（√）

Lb3B4099 风闸的作用仅是停机制动。（×）

Lb3B5100 国产大、中型水轮发电机中，绝大多数采用空气冷却方式。（√）

Lb2B1101 发电机转子励磁电流为直流电流。（√）

Lb2B1102 镜板是发电机中尺寸精度和表面光洁度要求最高的部件。（√）

Lb2B2103 伞型（无轴）机组吊转子可用梅花吊具和起重梁。（√）

Lb2B2104 推力轴承一般由推力头、镜板、推力瓦组成。（×）

Lb2B2105 水轮发电机推力轴承只承担转子的质量。（×）

Lb2B2106 磁极挂装在磁轭上，磁轭为发电机磁路的一部分。（√）

Lb2B3107 伞型水轮发电机中，定子机座支持整个机组转动部分质量。（×）。

Lb2B3108 推力瓦是推力轴承中的转动部件。（×）

Lb2B3109 推力油膜是楔形油膜。（√）

Lb2B4110 空气冷却器的设置数量，由发电机的铜损、铁

损和风损确定。（√）

Lb2B4111 发电机的上导、下导和推力轴承，常采用压力油润滑方式。（√）

Lb1B1112 水轮发电机是利用电磁感应原理工作的。（√）

Lb1B2113 发电机飞逸转速越高，对强度要求就越高。（√）

Lb1B2114 推力轴瓦液压减载装置又称为高压油顶起装置。（√）

Lb1B2115 从发展趋势看，晶闸管静止励磁的应用已越来越少。（×）

Lb1B3116 永磁发电机提供反映机组转速的电信号给调速器等设备。（√）

Lb1B3117 同步发电机通过转子绕组和定子磁场之间的相对运动，将电能转变为机械能。（×）

Lc5B1118 定子绕组的作用是当交变磁场切割绕组时，便在绕组中产生交变电动势和交变电流。（√）

Lc5B1119 发生飞逸事故后，水轮发电机组要经过检查后，才能重新投入运行。（√）

Lc5B2120 螺纹的公称直径是指螺纹的最大直径。（√）

Lc5B2121 键通常用来连接轴和装在轴上的传动零件。（√）

Lc5B3122 键的主要作用是传递扭矩。（√）

Lc4B3123 每个齿轮都有一个分度圆，但是对于单个齿轮就谈不上节圆。（√）

Lc4B3124 额定电流 I_N 是指一台水轮发电机正常连续运行的最大工作相电流。（×）

Lc3B1125 发电机的轴承材料常采用铜合金。（×）

Lc3B2126 单位时间内交流电重复变化的周期数叫频率，单位为 Hz。（√）

Lc3B2127 我国工业用交流电频率规定为 50Hz。（√）

Lc3B3128 星形连接的线电压等于相电压的$\sqrt{3}$倍。（√）

Lc2B3129 电流通过电阻产生的热量与电阻的大小成反比。（×）

Lc2B3130 无功功率是无用的功率。（×）

Lc2B3131 在理想的电感电路中，电压比电流相位滞后90°。（×）

Lc2B3132 无功功率和有功功率之和等于视在功率。（×）

Lc2B3133 视在功率和功率因数之积等于有功功率。（√）

Lc2B5134 机组空载启动后加入励磁时，因交变磁场的作用以及定子铁芯合缝不严或铁芯松动而产生的振动叫做冷态振动。（√）

Jd5B1135 禁止在机器转动时，从靠背轮和齿轮上取下防护罩或其他防护设备。（√）

Jd5B1136 刀具材料和工件材料统称金属材料。（×）

Jd5B2137 铸造与翻砂是一回事。（×）

Jd5B2138 所谓热处理，是指把金属加热一段时间，然后冷却的工艺过程。（×）

Jd5B2139 在工作场所可以储存易燃物品。（×）

Jd5B2140 新录用的工作人员，须经过体格检查合格。（√）

Jd5B2141 所有电气设备的外壳均应有良好的接地装置。（√）

Jd5B2142 遇有电气设备着火，应立即进行救火。（×）

Jd5B2143 淬火冷却介质只有水一种。（×）

Jd5B2144 推力头加温通常根据不同情况采用不同的加热法。（√）

Jd5B3145 材料的安全系数越大越好。（×）

Jd5B3146 钢的表面热处理有表面淬火和化学热处理两种。（√）

Jd5B3147 推力瓦花形状主要有三角形、燕尾形和月牙形

等。（√）

Jd4B1148 小变形的物体可以视为刚体。（×）

Jd4B2149 4″管的内径为150mm。（×）

Jd4B2150 绝对压力就是压力表所指的压力。（×）

Jd4B2151 样板是检查、确定工件尺寸、形状和相对位置的一种量具。（√）

Jd4B2152 任意立方体内对角线上任取一点，它到三投影面的距离相等。（×）

Jd4B2153 塞尺是一种用于测量两工件表面间隙的薄片式量具。（√）

Jd4B2154 螺纹连接的自锁性可保证这种连接在任何情况下都不会松动。（×）

Jd4B3155 一个点的两面正投影能表述三个坐标。（×）

Jd3B1156 使用平键会引起轴上零件的偏心和偏斜。（×）

Jd3B2157 $M10$ 表示螺纹的公称直径是10cm。（×）

Jd3B2158 1英尺=12英寸，1英寸=8英分，1英分=125英丝。（√）

Jd3B2159 生产中常用到的吊具有吊钩、吊索、卡环、花篮螺丝与横吊梁等。（√）

Jd3B2160 基孔制和基轴制是配合的两种基准制度。（√）

Jd2B2161 平面图形的定位尺寸可以确定各部分形状大小。（×）

Jd2B2162 机械制图主要采用斜投影法。（×）

Jd2B3163 主俯视图长对正，主左视图高平齐，俯左视图宽相等。（√）

Jd2B4164 联轴器的拆卸只能在设备停止运转时进行。（√）

Jd2B4165 螺纹连接的防松装置，按原理可分为靠摩擦力防松和靠机械方法防松两种。（√）

Jd2B4166 滚动轴承比滑动轴承冲击载荷的能力大。（×）

Jd2B5167 一张完整的零件图，应包括一组视图、完整的尺寸、技术要求、标题栏等基本内容。（√）

Jd1B1168 零件表面粗糙度越高，其公差等级就越高。（×）

Jd1B1169 中心投影法是绘制机械图样的基本方法。（×）

Jd1B1170 常用三视图是指主视图、俯视图和左视图。（√）

Jd1B2171 根据尺寸在投影图中的作用，可分为三类，即大小尺寸、位置尺寸和总体尺寸。（√）

Jd1B2172 轮毂烧嵌只有一种方式，即轮毂套轴。（×）

Jd1B2173 分析力的合成，应利用平行四边形法则。（√）

Jd1B2174 常用的轴承密封装置有毡圈式、油沟式、迷宫式等。（√）

Jd1B5175 斜键的优点是既能防止零件在轴上做单方向上的移动，又能够使零件在轴上周向固定。（√）

Je5B2176 推力轴承的润滑油起反润滑作用。（×）

Je5B2177 传统推力瓦在轴瓦钢坯上面浇10mm以上的钨金层做瓦面。（√）

Je5B2178 推力、上导冷却器水管现已普遍应用紫铜管。（√）

Je5B2179 机组制动装置的作用只是当机组转速下降到本机额定转速的35%时投入制动器，加闸停机。（×）

Je5B2180 投入机械制动的转速只能是本机额定转速的35%。（×）

Je5B2181 一般大、中型水轮发电机组的制动气压为0.6～0.8MPa。（√）

Je5B2182 在水轮发电机组扩大性大修中，吊转子是一项十分重要的工作。（√）

Je5B2183 在机组检修工作中，转子测圆的目的在于检查转子光洁度有无明显变化。（×）

Je5B3184 机组运行时镜板与推力瓦之间的油膜厚度约为0.1mm。（√）

Je5B3185 对推力轴承的要求只是迅速建立起油膜。（×）

Je5B3186 大、中等容量的悬吊型水轮发电机组，常用吊转子的工具为平衡梁。（√）

Je5B3187 大、中等容量的转子无轴结构的伞型水轮发电机组，常用吊转子的工具为梅花吊具。（√）

Je5B3188 吊转子前，应对起吊用的桥式起重机进行认真检查和试验，确认无误后，方可起吊。（√）

Je5B3189 对锁定板式制动器，在吊转子之前，通常采用在各制动板上部加垫的方法进行制动器制动板高程的水平调整工作。（√）

Je5B3190 拆除推力头前，其与镜板的相对位置可不做标记。（×）

Je5B3191 检修时，应吊出镜板使镜面朝上放于水平的专用支架上。（√）

Je5B3192 推力瓦修刮时，一般使用弹性刮刀。（√）

Je5B3193 研磨镜板的小平台的转动方向为俯视逆时针方向。（×）

Je5B3194 镜板研磨液常用 Cr_2O_3 和汽油配制。（×）

Je5B4195 测量推力支架对地绝缘是机组大修中必须进行的一项工作。（√）

Je5B4196 导轴瓦间隙一般应由有经验的两人进行测量。（√）

Je5B4197 测量导轴瓦间隙前，应在 x、y 方向各设一只百分表监视。（√）

Je5B4198 导轴瓦面接触点达到1～3点/cm^2，接触面积为70%算合格。（√）

Je5B5199 油槽排充油前，应检查油面在规定的位置，否则应做好记录。（√）

Je5B5200 导轴承组装前，可以不检查其绝缘情况。（×）

Je4B1201 直角尺仅用来检查工件外角。（×）

Je4B1202 修刮推力瓦的刮刀通常用弹簧钢打制而成。（√）

Je4B1203 内外卡钳是一种间接测量工具。（√）

Je4B1204 目前，中等容量以上的水轮发电机组多采用机械盘车。（√）

Je4B2205 在输出有功功率一定的条件下提高功率因数，可提高材料的利用率。（√）

Je4B2206 刚性支柱式推力轴承承载能力较低，所以各瓦受力调整也较容易。（×）

Je4B2207 推力头加温通常是为了热套推力头和拔推力头。（×）

Je4B2208 机械制动是水轮发电机组目前唯一的制动方式。（×）

Je4B2209 如果轴线良好稳定，推力头与镜板也可以不分解，一并吊走。（√）

Je4B2210 推力轴承润滑油常用46号汽轮机油。（√）

Je4B2211 推力头与主轴一般采用平键连接。（√）

Je4B2212 通常油品的黏度都是随着油温升高和所受压力下降而升高。（×）

Je4B2213 液压支柱式推力轴承有一定的自调能力，可不需要进行严格的推力瓦受力调整。（×）

Je4B2214 机组大修后投产试验首先进行过速度试验。（√）

Je4B2215 游标卡尺使用时，可以不检查游标卡尺的立尺与副尺零线是否对齐及内外卡脚量面是否贴合。（×）

Je4B2216 外径千分尺的测量精度可达到0.01mm。（√）

Je4B2217 装磁轭外壁弹簧时，注意将弹簧的开口向上。（√）

Je4B2218 用百分表测量工件时，不可用触头突然触及工件，被测表面应擦干净。（√）

Je4B2219 在生产过程中，用来测量各种工件尺寸、角度和形状的工具叫量具。（√）

Je4B3220 推力瓦的受力调整可在机组轴线调整之前进行。（×）

Je4B3221 推力头与主轴多采用基孔制的静配合，并热套安装。（×）

Je4B3222 机组在运行中出现微小的振动是允许的。（√）

Je4B3223 推力瓦进油边形状不好，对推力轴承在机组启动瞬间的油膜形成速度无影响。（×）

Je4B3224 瓦温在允许范围内，就能肯定说明该导轴承性能良好。（×）

Je4B3225 水轮发电机的冷却效果对机组的经济技术指标、安全运行以及使用年限等问题没有影响。（×）

Je4B3226 一般推力轴承瓦的受力调整工作可与轴线调整工作结合起来进行。（×）

Je4B3227 轴线处理时，推力头与镜板结合面间垫的材质，一般可用黄铜、紫铜等。（×）

Je4B3228 为使推力头套轴顺利，在套轴前将与推力头配合段的主轴表面涂以炭精或二硫化钼。（√）

Je4B3229 分块式导轴承间隙测量前，应先将导轴瓦逆轴旋转方向推靠紧。（×）

Je4B3230 研刮导轴承时，在轴颈上均匀涂以显示剂，用双手将导轴瓦块压在轴颈上逆时针方向多次研磨并修刮高点。（√）

Je4B3231 盘车前，限位导轴承的瓦间隙应调在 0.10mm 左右。（×）

Je4B3232 百分表的量杆移动 1mm，大指针就走 1000 格。（×）

Je4B3233 转子测圆一般测 2～3 圈方可，以便核对。（√）

Je4B3234 配键前，两键结合面不需清扫干净。（×）

Je4B3235 弹性金属塑料瓦的运行报警温度一般设定为 50～60℃。（√）

Je4B3236 安装磁极键时长键按小头朝上，斜面朝里插入键槽。（×）

Je4B3237 镜板研磨工作结束后，最后应用无水酒精擦拭干净，镜面涂以透平油或洁净猪油，并覆以洁净的白纸，然后盖上毛毡进行防护。（√）

Je4B4238 将吊转子工具安装好后，就可直接把转子吊出机坑。（×）

Je4B4239 机组中心测定是机组轴线调整的唯一依据。（×）

Je4B4240 推力轴承总装完毕，顶起转子，注入润滑油前，温度在 10～30℃轴承总体绝缘小于 1MΩ。（×）

Je4B4241 推力轴承总装完毕，顶起转子，注入润滑油后，温度在 10～30℃轴承总体绝缘应不小于 0.5MΩ。（√）

Je4B4242 转子安放前，法兰面应涂有凡士林以防生锈，安放时，螺栓对准，待楔子板调整受力均匀后方可松钩。（√）

Je4B5243 瓦温升高一定是油循环不好。（×）

Je4B5244 吊转子前，制动器表面可不找平。（×）

Je4B5245 新键第一次打入键槽后，需拔出检查，其紧密接触的长度应不小于磁极 T 尾长度 70%，且两端无松动现象。（√）

Je4B5246 镜板研磨用研磨膏 Cr_2O_3 的黏度为 $M5$～$M10$。（√）

Je4B5247 磁轭键的打键紧量越大越好。（×）

Je3B1248 顶转子有时可不用风闸而改用其他方式进行。（×）

Je3B1249 冷却器在检修工作中，必须要经过耐压试验这一道工序。（√）

Je3B1250 刮瓦时，平刮刀宜在精刮中使用。（×）

Je3B2251 发电机冷却器上的灰尘和油污常用一定配方的酸水清洗。（×）

Je3B2252 为控制甩油，对内循环推力轴承，其正常静止油面不应高于镜板上平面。（√）

Je3B2253 刮花的目的在于破坏油膜的形成，以造成良好的润滑条件。（×）

Je2B2254 刚性支柱式推力轴承的优点是便于加工制造，运行可靠；缺点在于各瓦受力不均匀，调整相对困难。（√）

Je2B2255 通过调整导轴承来固定大轴时，应由两人在对称方向同时进行。（√）

Je2B3256 转子圆度标准是最大测值和最小测值之差，小于实测平均空气间隙的15%。（×）

Je2B3257 发电机空气间隙要求各测点实测间隙与实测平均间隙的偏差，不得超过实测平均间隙的±8%。（√）

Je2B3258 导轴瓦间隙的确定有两种方法，即计算法、图解法。（√）

Je2B3259 水轮发电机组中心的调整应以发电机定子中心为基准。（×）

Je2B4260 磁轭加热只能采用电热法。（×）

Je2B5261 内甩油的处理方法按原理分为疏通法和阻止法。（√）

Je2B5262 推力油槽内的油位高比低要好。（×）

Je1B1263 发电机组中心调整应以水轮机上、下固定止漏环中心为基准。（√）

Je1B1264 用几个互相平行的剖切面剖开机件所得的剖视，称为阶梯剖视。（√）

Je1B2265 为了清楚地表达零件的内部形状，机械制图中常采用剖视图。（√）

Je1B2266 转子静平衡合格后，可不做动平衡试验。（×）

Je1B4267 水轮发电机轴线测量的目的是为了检查发电机主轴和镜板摩擦面之间的垂直度。（√）

Jf5B2268 *G*3/4″表示英制管螺纹的螺纹外径为 3/4in。（×）

Jf5B2269 *M*24 表示公称直径为 24mm，右旋的粗牙普通螺纹。（√）

Jf5B2270 普通螺纹的牙型角为 55°。（×）

Jf5B2271 管螺纹的牙型角为 60°。（×）

Jf5B2272 空间点的一个投影能确定此点的空间位置。（×）

Jf5B2273 一条倾斜直线的投影有可能比直线本身还要长。（×）

Jf5B2274 一倾斜直线上的点，经正投影后，该点不一定在倾斜直线正投影线上。（×）

Jf5B2275 一个平面，只有在平行投影面时，其投影才可能为一直线，否则不行。（×）

Jf5B3276 单头螺纹的螺距和导程是不相等的。（×）

Jf4B2277 机组产生振动的干扰力源主要来自电气、机械和水力三个方面。（√）

Jf5B3278 圆锥销的公称直径是指小端直径。（√）

Jf5B4279 右旋的粗牙普通螺纹用牙型符号“*M*”和“公称直径”表示。（√）

Jf5B4280 内卡钳能测量出零件的外径。（×）

Jf5B3281 倾斜十分厉害的平面，其投影才可能比平面本身还大。（×）

Jf5B3282 只有主视图、俯视图、左视图才叫基本视图。（×）

Jf5B3283 半剖视图是剖去物体的一半所得的视图。（×）

Jf4B1284 使用砂轮机时应站在正面。（×）

Jf4B1285 砂轮的转向应使火星向下。（√）

Jf4B2286 不准用精密量具测量毛坯和生锈工件。(√)

Jf4B2287 一般工厂常用的固态研磨剂,俗称研磨膏。(√)

Jf4B2288 用钢板尺测量工件时,须注意钢板尺的零刻度线是否与工件边缘相重合。(√)

Jf4B2289 使用塞尺时,其叠片数一般不宜超过3片。(×)

Jf4B2290 錾削时,握锤的手不准戴手套,以免手锤脱手伤人。(√)

Jf4B2291 手工或机械研磨孔时,都应及时消除研磨孔两端的研磨剂,以减少研磨孔的几何精度误差。(√)

Jf4B3292 研磨时,研具与被研表面应有合理的间隙,间隙小会产生拉毛。(√)

Jf4B3293 千斤顶在使用时,不能用沾有油污的木板或铁板为衬垫物,以防千斤顶受力时打滑。(√)

Jf3B1294 当转子起吊高度为20mm左右时,应停1min,检查吊车各部位全部正常后,方可正式起吊。(×)

Jf3B1295 由于光轴上零件的拆装、固定以及零件本身的轴向固定都很困难,故在生产上应用很少。(√)

Jf3B1296 对于同一材料的导体,其电阻和长度成正比,与截面积成反比。(√)

Jf3B2297 在一定的范围内,导体电阻的变化与温度的变化成正比。(√)

Jf3B3298 轴承材料应满足如下要求:有足够的强度和塑性;良好的耐磨性;良好的工艺性;良好的导热性和耐腐蚀性。(√)

Jf2B2299 定子调圆常用方法有三种:重新叠芯、千斤顶顶圆和法兰螺栓拉圆。(√)

Jf1B2300 励磁机在安装前可不进行绝缘耐压试验。(×)

4.1.3 简答题

La5C1001 什么叫弹性？

答：材料受外力作用时产生变形，当外力取消后，变形消失，材料恢复原始状态的性能称为弹性。

La5C1002 何谓钢的热处理？

答：所谓钢的热处理就是在规定范围内将钢加热到预定的温度，并在这个温度保持一定的时间，然后以预定的速度和方法冷却下来的一种生产工艺。

La5C1003 作用力和反作用力是不是平衡力？二力平衡条件是什么？

答：作用力与反作用力不是平衡力。

二力平衡的条件为二力大小相等、方向相反、作用于同一直线且作用于同一物体上。

La5C1004 什么叫基本视图？

答：按照国家规定，用正六面体的6个平面作为基本投影面，从零件的前后左右上下6个方向，向6个基本投影面投影得到6个视图，即主视图、后视图、左视图、右视图、俯视图和仰视图，称为基本视图。

La5C2005 试述虎克定律的内容。

答：虎克定律的内容为：当应力不超过某一极限时，应力与应变成正比。

La5C2006 什么叫剖视图？剖视图有哪几类？

答：假想一个剖切平面，将某物体从某处剖切开来，移去剖切平面的部分，然后把其余部分向投影面进行投影，所得到的图形叫做剖视图。

剖视图分为全剖视、半剖视、局部剖视、阶梯剖视、旋转剖视、斜剖视和复合剖视等。

La5C3007 什么叫位置公差？根据其几何特征，它分成几类？

答：位置公差是零件实际各部方位允许的变动值。

根据几何特征，位置公差分为定向公差、定位公差及跳动公差。

La5C3008 试述机械传动的几种类型。

答：机械传动包括摩擦轮传动、皮带传动、齿轮传动、蜗轮蜗杆传动、螺杆传动。

La5C3009 试述螺纹的主要参数。

答：螺纹的主要参数为大径 d、小径 d_1、中径 d_2、螺距 t、导程 t_0、升角 α、牙形角 β。

La5C3010 什么是力？力对物体的作用取决于哪几个因素？物体受力后会产生哪两类效应，这两类效应各指的是什么？

答：力是物体之间由于机械运动引起的相互作用。

力对物体的作用取决于力的大小、方向和作用点这三个要素。

物体受力后会产生内效应和外效应。外效应为受力物体原来的运动状态发生变化，内效应为受力物体产生变形。

La5C4011 “一物体处于平衡状态”指的是什么？平衡状态是物体的机械运动状态吗？

答："一物体处于平衡状态"是指该物体相对于参照系（如地球）保持静止或匀速直线运动的状态。平衡状态是物体的一种特殊的机械运动状态。

La5C4012　零件图有哪些基本内容？

答：零件图的基本内容有一组图形、完整的尺寸、技术要求、标题栏。

La5C5013　我国法定计量单位共有几个基本单位？分别是什么？

答：我国法定计量单位共有 7 个基本单位，分别是：长度（m）、质量（kg）、时间（s）、电流（A）、热力学温度（K）、物质的量（mol）和发光强度（cd）。

La4C1014　何谓公称直径？用什么表示？

答：为了使管路及其附件具有互换性，必须对管路及其附件实行标准化，人为规定了一种标准直径，这种标准直径就叫公称直径或公称通径，用 DN 表示。

La4C1015　何谓公称压力？用什么表示？

答：为了使生产部门生产出适应不同要求的管材，使设计部门和使用部门能正确的选用，有关部门规定了一系列压力等级，这些压力等级就叫公称压力，用 PN 表示。

La4C1016　水电厂的供水包括哪几个方面？

答：水电厂的供水，一般包括技术供水、消防供水、生活供水等 3 个方面。

La4C1017　非多泥沙流域水力机组检修可以分为几类？各类周期如何（可根据各厂情况回答）？

答：非多泥沙流域水力机组检修通常可分为定期检查维护、小修、B修和A修等4类。

（1）定期检查维护：视情况，一般每月一次，每次4小时，设备消缺根据具体情况。

（2）小修：每年二次，根据机组大小，每次3～14天。

（3）B修：3～5年一次，根据机组大小，每次20～65天。

（4）A修：8～10年一次，根据机组大小，每次30～85天。

La4C2018　在发电机检修中阀门按用途可分为哪几类？

答：阀门按用途分为关断用阀门、调节用阀门和保护用阀门等3类。

La5C1019　立式水轮发电机的主要组成部件有哪些？

答：一般由定子、转子、机架、推力轴承、导轴承、制动系统、冷却系统、励磁系统等部分组成。

Lb5C1020　同步水轮发电机的频率和转速有什么关系？其“同步”是什么含义？

答：同步水轮发电机的频率和转速的关系为：$f=pn/60$。

同步水轮发电机的定子有三相电流通过时，它在定、转子间的气隙内产生一个旋转磁场，这个旋转磁场和转子旋转磁场以相同的转速、相同的方向旋转时，就叫“同步”。

Lb5C1021　水轮发电机是怎样把机械能转变为电能的？

答：水轮发电机主要由转子和定子两个部分组成，转子上装有主轴和磁极，通过主轴与水轮机连接，磁极上装有励磁绕组，在定子槽内装有定子绕组，在定子和转子间有一小的空气间隙，当转子磁极的励磁绕组通有直流电后，便在磁极周围形成磁场，水轮机带动发电机转子旋转时，磁极随之转动，发电机便产生了旋转磁场，旋转磁场对固定不动的定子绕组产生相对运动，根据电磁感应原理，定子绕组内产生了感应电动势，接上负荷便可以送出交流电，这样，水轮发电机就把获得的机械能转变成了电能。

Lb5C2022　悬吊型水轮发电机有何优缺点？

答：优点：机组运转稳定性能好，轴承损耗小，安装维护较方便。

缺点：推力轴承座承受的机组转动部分的质量及全部水推力都落在上机架及定子机座上，由于定子机座直径较大，上机架和定子机座为了承重而消耗的钢材较多，机组轴向长度增加，导致机组和厂房高度增加。

Lb5C2023　水轮发电机的飞逸转速指什么？

答：水轮发电机的飞逸转速是指水轮发电机组在最高水头 H_{max} 下带满负荷运行时突然甩去全负荷，又逢调速系统失灵，导水机构位于最大开度 B_{0max} 下机组可以达到的最高转速。

Lb5C1024　常用的转子支架有哪几种？

答：常用的转子支架有 4 种：与磁轭一体的转子支架；圆盘式转子支架；整体铸造转子支架；组合式转子支架。

Lb5C1025　法兰在使用前应做哪些检查？

答：法兰在使用前应检查：密封面应光洁，不得有径向沟槽，且不得有气孔、裂纹、毛刺或其他降低强度和连接可靠性的缺陷，不允许敲击和撞击密封面，合金钢法兰应作光谱复查。

Lb5C1026　推力瓦按瓦面材料一般分为哪几种形式？

答：按瓦面材料可分为巴氏合金瓦和弹性金属塑料瓦两种形式。

Lb5C1027　水轮发电机定子主要由哪些部件组成？

答：水轮发电机定子主要由机座、铁芯、绕组、上下齿压板、拉紧螺杆、端箍、端箍支架、基础板及引出线等部件组成。

Lb5C2028　立式水轮发电机导轴承有何作用？

答：立式水轮发电机导轴承的作用为：承受机组转动部分的径向机械不平衡力和电磁不平衡力，使机组轴线在规定数值范围内摆动。

Lb5C2029　分块式导轴承主要由哪些部件组成？

答：分块式导轴承主要由轴领、导轴瓦、抗重螺钉、轴承体、托板和压板、带有螺纹的套管、油槽、油槽盖板、盖板密封、挡油管、隔板及冷却器等组成。

Lb5C2030　油冷却器一般分哪几种型式？

答：一般分为半环式、盘香式、弹簧式、抽屉式和箱式等5种型式。

Lb5C2031　刚性支柱式内循环推力轴承主要由哪些部件组成？

答：主要由主轴、卡环、推力头、镜板、推力瓦、托盘、抗重螺钉、支座、推力支架、推力油槽、挡油管、冷却器等部件组成。

Lb5C2032　水轮发电机主轴有何作用？

答：水轮发电机主轴的作用为：

（1）起中间连接作用。

（2）承受机组在各种工况下的转矩。

（3）立式装置的机组，发电机主轴承受由于推力负荷所引起的拉应力。

（4）承受单边磁拉力和转动部分的机械不平衡力。

（5）如果发电机主轴与转子轮毂采用热套结构，还要承受径向配合力等。

Lb5C2033　水轮发电机转子磁轭有何作用？

答：水轮发电机转子磁轭的作用为：

（1）形成发电机的部分磁路。

（2）固定磁极。

（3）产生飞轮力矩 GD^2。

（4）在机组运行中，承受扭矩、离心力以及热打键引起的配合力等。

Lb5C2034　大、中型水轮发电机转子制动环有几种结构形式？

答：大、中型水轮发电机的转子制动环主要有 4 种形式：

（1）用磁轭下压板兼作制动环并通过拉紧螺杆固定在磁轭上。

（2）具有凸台的制动环结构，通过制动环的凹槽用拉紧螺杆固定在磁轭的下压板上。

（3）用螺栓将制动环固定在磁轭下压板上。

（4）用 T 形压板将制动环固定在磁轭下压板上。

Lb5C2035　大、中型水轮发电机的转子磁极主要由哪些部件组成？

答：大、中型水轮发电机的转子磁极通常由铁芯、绕组、上下托板、极身绝缘、阻尼绕组及垫板等部件组成。

Lb5C2036　发电机为什么要装设空气冷却器？

答：发电机运行中，由于有电流和磁场的存在，必定会产生铁损和铜损，这种损耗以热的形式传给绕组和铁芯，如不把热量散发出去，轻则使绕组温度升高，电阻增大，降低发电机的效率，重则会使发电机绕组和铁芯绝缘烧毁，引起发电机着火，所以必须装设空气冷却器，使发电机内的热风经冷却器变成冷风，其热量由冷却水带走，从而降低发电机内部的温度，保证发电机在额定温度下运行。

Lb5C3037　一个性能良好的导轴承的主要标志是什么？

答： 主要标志为：能形成足够的工作油膜厚度；瓦温应在允许范围之内，循环油路畅通，冷却效果好，油槽油面和轴瓦间隙满足设计要求，密封结构合理，不甩油，结构简单，便于安装和检修。

Lb5C3038　一个良好的通风系统的基本要求是什么？

答： 基本要求是：

（1）水轮发电机运行实际产生的风量应达到设计值并略有余量。

（2）各部位的冷却风量应分配合理，各部分温度分配均匀。

（3）风路简单，损耗较低。

（4）结构简单，加工容易，运行稳定及维护方便。

Lb5C3039　机组制动装置有何作用？

答： 机组制动装置的作用为：

（1）当机组进入停机减速过程后期的时候，为避免机组较长时间处于低速下运行，引起推力瓦的磨损。

（2）没有配备高压油顶起装置的机组，当经历较长时间的停机后，再次启动之前，用油泵将压力油打入制动器顶起转子，使推力瓦与镜板间重新建立起油膜，为推力轴承创造了安全可靠的投入运行状态的工作条件。

（3）当机组在安装或大修期间，常常需要用油泵将压力油打入制动器顶转子，转子顶起之后，人工扳动凸环或拧动大锁锭螺母，将机组转动部分的质量直接由制动器缸体来承受。

Lb5C3040　发电机内部明火作业有何要求？

答：在发电机内部使用明火作业，如电焊、气焊、气割，应作好防火和防飞溅的措施。作业完毕应仔细清理焊渣、熔珠，在转动部件上进行电焊时，地线必须可靠地接在转动部件施焊部位上，严禁转子不接地线进行电焊作业。

Lb5C3041　制动器的基本要求是什么？

答：制动器的基本要求是：不漏气、不漏油、动作灵活、制动后能正确地恢复。

Lb5C3042　定子扇形冲片为什么使用硅钢片？

答：硅钢片具有较高的导磁率和磁感应强度，矫顽力小，磁滞及涡流损失都很低。

Lb5C3043　水轮发电机飞轮力矩 GD^2 的基本物理意义是什么？

答：它反映了水轮发电机转子刚体的惯性和机组转动部分保持原有运动状态的能力。

Lb5C3044　试述水轮发电机的主要部件及基本参数。

答：（1）主要组成部件为定子、转子、机架、轴承（推力轴承和导轴承）以及制动系统，冷却系统，励磁系统等。

（2）基本参数有功率和功率因数、效率、额定转速及飞逸转速、转动惯量。

Lb5C3045　试述推力轴承的型式及结构组成。

答：（1）推力轴承按支柱型式不同，主要分成刚性支柱式、液压支柱式、平衡块式三种。

（2）推力轴承一般由推力头、镜板、推力瓦、轴承座、油槽和冷却器等组成。

Lb5C3046　负荷机架和非负荷机架的作用怎样？

答：负荷机架的作用是：承受机组的全部推力负荷和装在机架上的其他荷重及机架的自重。

非负荷机架的作用是：装置导轴承并承受水轮发电机的径向力及自重，还要承受由于不同机组型式决定的不同轴向力。

Lb5C3047　推力瓦的俯视为何形状？为何用钨金作瓦面？

答：推力瓦的俯视为扇形。

用钨金作瓦面的优点为：钨金熔点低、质软、又有一定的弹性和耐磨性，既可保护镜板又易于修刮，在运行中可承受部分冲击力。

Lb5C3048　检修后对推力头有何要求？

答：检修后的推力头与轴的配合内表面应光滑、无毛刺，高点、各销钉孔均应经过修理，在加温时应适当控制温度和受热点，以保证检修后的推力头应有足够的强度和刚度。

Lb5C3049　高压油顶起装置有何作用？

答：当机组启动和停机之前及启动和停机过程中，在推力瓦和镜板之间用压力油将镜板稍稍顶起，使推力轴承在启动和停机过程中始终处于液体润滑状态，从而可保证在机组启动和停机过程中推力轴承的安全性和可靠性。在机组的盘车过程中也可使用高压油泵。

Lb5C4050　推力轴承楔形油膜是如何形成的？

答：承放轴瓦的托盘放置在轴承座的支柱螺栓球面上，这样托盘在运行中可以自由倾斜，使推力瓦的倾角随负荷和转速的变化而改变，从而产生适应轴承润滑的最佳楔形油膜。

Lb5C5051　试述转子主轴所受荷载有哪些。

答：转子主轴主要用来承受所传递的扭矩，转动部分的轴向力，定、转子气隙不均匀所产生的单边磁拉力和转子机械不平衡力等。

Lb4C1052　水轮发电机电气方面不平衡力主要有哪些？

答：水轮发电机电气方面不平衡力主要有：

（1）不均衡的间隙造成的磁拉力不均衡。

（2）发电机转子绕组间短路后，造成不均衡磁拉力增大。

（3）三相负荷不平衡产生负序电流和负序磁场，形成交变应力和转子表面电流。

Lb4C2053　简述发电机技术供水系统的主要作用。

答：发电机技术供水系统的主要作用是冷却、润滑，有时也用于操作能源，冷却发电机的空气冷却器、推力轴承的油冷却器和上、下导轴承的油冷却器及水轮机导轴承的油冷却器等。冷却水吸收电磁损失、机械损失产生的热量，并通过水流将其带走，以保证发电机的铁芯、绕组以及机组轴承运行的技术要求和效能。

Lb3C1054　进入发电机内部工作有何要求？

答：进入发电机内部工作时，与工作无关的物件不应带入；人员、工具、材料应登记，工作结束后应注销。

Lb3C2055　试述推力瓦液压减载装置的作用。

答：液压减载装置也称为高压油顶起装置，它在机组启动前和启动过程中不断向推力瓦油槽孔打入高压油，使镜板顶起，在推力瓦和镜板间预先形成厚 0.04mm 的高压油膜，这样就改善了机组启动润滑条件，降低了摩擦系数，从而减少了摩擦损耗，损高了瓦的可靠性。采用这种装置不仅可缩短启动时间，而且还便于安装时对机组盘车。

Lb2C1056　转动惯量与飞轮力矩分别表示什么意思？二者之间关系如何？飞轮力矩 GD^2 最基本的物理意义是什么？

答：转动惯量（J）指转子刚体内各质点的质量与其旋转轴距离平方的乘积之总和；飞轮力矩（亦称转子力矩）是指水轮发电机转动部分的质量与其惯性直径平方的乘积。它们之间的关系为 $GD^2=4gJ\times10^{-7}$。由于仅差一常数的关系，所以一般在实际上用飞轮力矩 GD^2 来衡量水轮发电机转动惯量的大小。飞轮力矩 GD^2 最基本的物理意义为：反应水轮发电机转子刚体的惯性和机组转动部分保持原有运动状态的能力。

Lb1C1057　弹性金属塑料瓦比巴氏合金瓦瓦温低（在同等条件下的水轮发电机）的主要原因是什么？

答：这是因为弹性金属塑料瓦中的聚四氟乙烯其导热系数小，比钢和巴氏合金的要小 99.4%，并且通过弹性金属塑料瓦的热流量比通过巴氏合金的要小 75%，这就使得弹性金属塑料瓦的刚体温度相应也比钨金瓦的要低得多；另外，弹性金属覆面层可减少瓦的工作表面，并相应的提高瓦的单位负载和减少摩擦损耗，因此弹性金属塑料瓦温度比巴氏合金瓦低。

Lb1C1058　简述热打键的基本原理。

答：热打键是依据已选定的分离转速（约为额定转速的 1.4 倍）时的离心力，计算出磁轭的径向变形增量，按此变形增量计算出热打键时磁轭相对于支臂所需的温升；再按此温升加热磁轭使其膨胀，在冷打键的基础上进行热打键，使预紧量等于计算出的磁轭变形增量，从而保证机组过速时磁轭键的紧量还会有一定的数值，使转子结构不会产生有害的变形。

Lc5C1059　保证安全的组织措施是什么？

答：保证安全的组织措施为：工作票制度，工作许可制度，工作监护制度，工作间断、转移和终结制度。

Lc5C2060　电力部门安全生产的方针是什么？

答：电力部门安全生产的方针是：安全第一，预防为主，综合治理。

Lc5C2061　什么是“安全第一”？

答：“安全第一”是指安全生产是一切经济部门和生产企业的头等大事，是企业领导的第一位职责。

Lc5C2062　什么是“四不放过”？

答：“四不放过”是指事故原因没有查清不放过，责任人未处理不放过，改进措施没有落实不放过，有关人员未受到应有的教育不放过。

Lc5C2063　工作负责人对哪些安全事项负责？

答：工作负责人对以下安全事项负责：正确、安全地组织工作，给工作人员进行工作安全交代和必要指导，随时检查工作人员在工作过程中是否遵守安全工作规程和安全措施。

Lc5C2064　什么是振动周期、频率？它们有什么关系？系统发生共振的条件是什么？共振时什么参数将无限增大？怎样防止机械产生有害共振？

答：振体每振动一次所需的时间，称为周期，记为 T；振体单位时间内振动的次数，称为频率，记为 f；周期与频率互为倒数关系，即 $f=1/T$。

系统发生共振的条件是强迫振动的频率与振动系统的固有频率一致。共振时，振动系统从外界获得的能量最多，其振幅

B 将无限增大。

防止机械有害共振的主要方法是：使系统振动的频率与系统的固有频率相差一定的数值。

Lc5C2065　什么是安全生产责任制？

答：安全生产责任制是企业各级领导、职能部门、有关工程技术人员、管理人员和生产人员在劳动生产过程中对安全生产应尽的职责，是企业劳动保护管理制度的核心，也是岗位责任制的重要组成部分。

Lc5C2066　什么是“两票三制”？

答：“两票”指操作票、工作票。

“三制”指交接班制度、巡回检查制度、设备定期试验与轮换制。

Lc5C2067　请写出本厂水轮发电机的主要技术数据（型号、容量、转速、飞逸转速、磁极个数、功率因数、转动惯量）。

答：根据本厂的实际情况回答。

Lc5C2068　什么是文明生产？安全生产与文明生产有什么关系？

答：从广义上讲，文明生产是指根据现代化工业生产的客观要求组织生产；从狭义上讲，文明生产是指在良好的秩序、整洁的环境和安全卫生的条件下进行生产劳动。

安全生产是文明生产的重要基础和保障，讲文明就必须重安全，有安全才能讲文明；安全生产是文明生产的必然结果，文明生产是安全生产的更高发展。

Lc5C3069　怎样理解“安全第一”的含义？

答：“安全第一”的含义为：

（1）从我们党的性质和国家制度上去理解，必须把保护劳动者在生产过程中的生命安全和健康放在第一位。

（2）从发展和保护生产上去理解，生产力的三要素中人是最活跃和起决定性的因素，要发展生产必须发展生产力，要发展生产力，就必须保护人民在生产中的生命安全和身体健康。

（3）从建设社会主义的根本目的上去理解，为了满足人民不断增长的物质和文化生活的需要，保护劳动者在生产中的生命安全和身体健康最为重要。

Lc5C3070　振动的基本参数有哪些？

答：振动的基本参数有振动的位移、振幅、周期、频率、相位等。

Lc5C3071　正弦交流电的三要素是什么？

答：正弦交流电的三要素是极值、角频率、初相位。

Lc5C3072　轴电流产生的原因是什么？

答：不论是立式还是卧式的水轮发电机，其主轴不可避免地处在不对称的磁场中旋转。这种不对称磁场通常是由于定子铁芯合缝、定子硅铁片接缝、定子和转子空气间隙不均匀、轴心与磁场中心不一致以及励磁绕组间短路等各种因素所造成的。当主轴旋转时，总是被这种不对称磁场中的交变磁通所交链，从而在主轴中产生感应电动势，并通过主轴、轴承、机座而接地，形成环形短路轴电流。

Lc5C4073　视在功率 S，有功功率 P 和无功功率 Q 是否指一回事？其关系如何？什么叫功率因数 $\cos\phi$？

答：（1）S、P、Q 不是一回事。

（2）关系是：$S^2=P^2+Q^2$。

（3）功率因数 $\cos\phi$ 是指额定有功功率与额定视在功率的

比值，即 $\cos\phi=P/S$。

Lc4C2074　轴电流有什么危害？

答：由于电流通过主轴、轴承、机座而接地，从而在轴颈和轴瓦之间产生小电弧的侵蚀作用，破坏油膜使轴承合金逐渐黏吸到轴颈上去，破坏轴瓦的良好工作面，引起轴承的过热，甚至把轴承合金熔化，此外，由于电流的长期电解作用，也会使润滑油变质发黑，降低润滑性能，使轴承温度升高。

Jd5C1075　热处理的目的是什么？

答：热处理的目的是：

（1）改善钢的性能。

（2）热处理作为冷加工工艺的预备工序，可以改善金属材料的切削加工性和冲压等工艺性能。

（3）热处理对充分发挥材料的潜在能力，节约材料，降低成本有着重要意义。

Jd5C1076　试述主、俯、左三面视图的关系。

答：主俯视图长对正，主左视图高平齐，俯左视图宽相等。

Jd5C1077　请答出完整尺寸应包括的4个要素。

答：完整尺寸应包括的4个要素为尺寸界线、尺寸线、尺寸数字、箭头。

Jd5C2078　试述T7的含义。

答：T7指含碳量为7‰的碳素工具钢。

Jd5C2079　试述T8B的含义。

答：T8B指含碳量为8‰的高级优质碳素工具钢。

Jd5C2080　试述剖面的概念、用途、分类以及与剖视图的区别。

答：（1）概念：假想同一个剖切平面，将零件的某部分切断，只画出断面的形状，并画上剖面符号，这种图样称为剖面图。

（2）用途：剖面图常用来表示机件上某一局部的断面状态。

（3）分类：剖面图根据其在绘制过程中配置位置的不同，分为移出剖面和重合剖面。

（4）与剖视图的区别：剖面图只画出被切断表面的图形，而剖视图除了画出被切断面的图形外，还要画出剖面后其余部分的投影。

Jd5C2081　试述英制长度的进位方法以及英制与公制的转换公式。

答：1英尺=12英寸；1英寸=8英分；1英分=125英丝。

英制和公制的转换公式为：1英寸=25.4毫米。

Jd5C2082　试述滑动轴承几种常用的润滑方法，并回答水轮发电机推力轴承一般采用何种方式。

答：常用的润滑方法有手浇润滑、滴油润滑、油环润滑、飞溅润滑、压力润滑和油杯润滑。

水轮发电机推力轴承一般采用压力润滑方式。

Jd5C3083　一对齿轮咬合应满足什么条件？

答：一对齿轮咬合应满足的条件为：齿形准确，轮齿分布均匀，两者模数和压力角相等。

Jd5C3084　试述螺纹连接防松装置的一般分类。

答：（1）靠摩擦力的防松装置：弹簧垫圈防松，双螺母防松。

（2）靠机械方法的防松装置：开口销防松，止退垫防松。

Jd5C5085　一质量为 *G* 的物体用绳子吊在空中并保持静止。问：① 该物体处于何种运动状态？② 该物体受到哪些力的作用？③ 这些力的等效合力为多少？

答：① 该物体处于平衡状态；② 该物体受到地心吸引力（即重力）和绳子的牵引力两个外力的作用；③ 该物体所受外力的等效合力为零。

Jd4C2086　何谓质量检验？

答：质量检验是针对实体的一个或多个特性进行的，如测量、检查、试验和度量，将结果与规定要求进行比较以及确定每项活动的合格情况所进行的活动。

Jd4C2087　螺旋千斤顶有什么优缺点？螺旋千斤顶在检修中有什么用途？

答：螺旋千斤顶的优点是能自锁；缺点是机械损失大、效率低，故起重量小，一般不超过30t。

螺旋千斤顶在检修中的用途为：它是一种轻便、易携带的起重工具，可以在一定的高度范围内升起重物，可以用于校正工件的变形并调整设备与工件的安装位置。

Jd4C2088　手提式砂轮机的主要用途是什么？

答：手提式砂轮机主要用于大型、不便搬动的金属件的表面磨削、去毛刺、清理焊缝及去锈等加工。

Jd4C3089　合金焊口热处理的目的是什么？

答：热处理目的是：

（1）除去焊口中的应力，防止焊口热影响区产生裂纹。

（2）改善焊口热影响区金属的机械性能，使金属增加韧性。

(3) 改善焊口热影响区金属的组织。

Jd4C3090　什么叫基准？基准有哪几种？

答：零部件的尺寸和位置都是相对的，也就是相对于某一位置而言的，这一位置就称为基准。

基准有两种：一种是安装件上的基准，它代表安装件上的位置，称为工艺基准；另一种是用于校正安装件的位置，在其他安装件上的基准，称为校核基准。

Jd3C1091　锯齿崩裂主要有哪些原因？

答：锯齿崩裂的主要原因有：

(1) 锯齿粗细选择不当。

(2) 起锯方向不对。

(3) 突然碰到砂眼、杂质。

Jd3C2092　简述材料消耗定额的构成。

答：材料消耗定额由单位产品净重（有效消耗）、工艺消耗和非工艺消耗三种因素构成。

Jd3C3093　设备装配应遵循哪些原则？

答：应遵循以下原则：

(1) 回装要求：零部件经清扫、检查、缺陷处理并经过严格的检验达到规定的技术要求后，才可进行回装。

(2) 装配程序：一般先难后宜，先精密后一般，先内后外。

(3) 需特别注意拆前零部件编号、参数测量等。

Jd2C2094　试述尺寸标注的基本规则。

答：基本规则如下：

(1) 机件的真实大小应以图样上所注尺寸数值为依据，与图形大小及绘图的准确度无关。

（2）图样中（包括技术要求和其他说明）的尺寸以毫米为单位时，不需标注计量单位；如采用其他单位时，则必须注明。

（3）机件的所有尺寸，一般只标注一次，并应标注在表示该结构最清楚的图形上。

Jd2C2095　零部件拆卸前应做好哪些工作？

答：零部件拆卸前应对各零部件的相对位置和方向做好记号，记录后再进行拆卸；对有些零部件应做好有关试验。

Jd2C3096　全剖视、半剖视、局部剖视一般在何时使用？

答：（1）对于内部形状复杂的不对称机件，需要表达其内部形状时，多采用全剖视。

（2）半剖视图主要用于内外形状都需要表示的对称机件，当机件的形状接近于对称，但其不对称部分已另有视图表达清楚时，也允许画成半剖视。

（3）局部剖视是一种极其灵活的表达方式，一般用于表示机件上某些不可见的内部结构，也用于当机件的内部结构需要用剖视来表示，同时外形轮廓又需要部分保留的时候。

Je5C1097　试解释SF100-40/854的含义。

答：SF　100　-　40　/　854

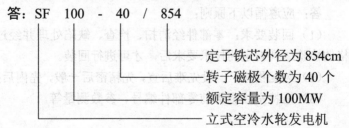

- 854——定子铁芯外径为854cm
- 40——转子磁极个数为40个
- 100——额定容量为100MW
- SF——立式空冷水轮发电机

Je5C2098　运行中的定子机座承受哪些力的作用？

答：运行中的定子机座承受上机架以上部件的质量并传到定子基础，支撑着铁芯、绕组、冷却器和盖板等部件，承受定子自重。悬吊型水轮发电机还承受整个机组转动部分的质量（包括水推力），承受电磁扭矩、不平衡磁拉力和切向剪力。

Je5C2099 为什么要对分块式导轴瓦的间隙进行调整？

答：将机组各导轴承的中心均调到主轴的旋转中心线且使各导轴承同心，这样可使主轴在旋转中不至于别劲，并有利于约束主轴摆度、减轻轴瓦磨损和降低瓦温。

Je5C2100 磁轭铁片压紧常采用哪些方法？

答：磁轭铁片压紧常采用的方法有：

（1）用辅助螺杆和套管压紧。

（2）用活动落地压紧架压紧。

（3）用简易液压器压紧。

Je5C2101 磁轭加热的方法有哪几种？什么叫铁损法？

答：磁轭加热的主要方法有 4 种，分别是：① 铜损法；② 铁损法；③ 电热法；④ 综合法。

利用通电绕组在磁轭圈片中产生电涡流，而使自身发热的方法称为铁损法。

Je5C2102 检修人员的“三熟”和“三能”分别指什么？

答：“三熟”指：

（1）熟悉系统和设备的构造、性能。

（2）熟悉设备的装配工艺、工序和质量标准。

（3）熟悉安全施工规程。

“三能”指：

（1）能掌握钳工工艺。

（2）能干与本职工作相关的其他一两种工艺。

（3）能看懂图纸并绘制简单零件图。

Je5C2103　试述推力油槽排油的程序。

答：推力油槽排油的程序为：测量并记录推力油槽油位，检查推力油槽外部管路上各阀门的开闭位置正确无误后，与油库联系将推力油槽里的油排掉，在排油时，打开通气孔并设专人监视，以防跑油。

Je5C2104　如何拆除推力冷却器？

答：拆除推力冷却器的步骤为：首先将推力冷却器排水，分解冷却器与水管的连接法兰，拧下冷却器端盖固定螺钉，拆除分油板，用木塞堵好冷却器进出口水管法兰口，然后用起重车吊起一段高度，用抹布擦冷却器表面浮油，以防吊运途中油和水的滴漏，再吊至检修场地。

Je5C2105　如何正确使用钢板尺？

答：用钢板尺测量工件时，必须注意检查钢板尺各部分有无损伤，端部与零线是否重合，端边与边长是否垂直，测量工作时，更需注意钢板尺的零线与工件边缘是否相重合。为了使钢板尺放的稳妥，应用拇指贴靠在工件上，读数时视线必须跟钢板尺的尺面相垂直，否则会因视线倾斜而引起读数的错误。

Je5C2106　如何正确使用直角尺？

答：将尺座一面靠紧工件基准面，尺标向工件另一面靠拢，观察尺标与工件贴合处透过的光线是否均匀，以此来判断工件两邻面是否垂直。

Je5C3107　在轮毂烧嵌中，采用轮毂套轴方法有何优点？

答：采用轮毂套轴方法的优点：

（1）可以利用原有转子组装机坑，不需另行布置烧嵌场地。

（2）烧嵌后不必再进行轮毂翻身，当轮毂卡住不能套入主轴时，能及时拔出来。

（3）主轴直接把合在基坑上，固定很牢固，万一轮毂卡住不能套入主轴时，能及时拔出。

Je5C3108　磁轭铁片压紧的质量要求如何？

答：（1）磁轭压紧用力矩扳手对称、有序进行，逐次增大压紧力直至达到要求预紧力。宜在圆周方向均匀抽查不少于10根螺杆的伸长值，以校核预紧力。永久螺杆的应力和伸长值应符合制造厂要求。

（2）磁轭压紧后，按重量法计算磁轭的叠压系数不应小于0.99，分段压紧高度应按制造厂要求进行。制造厂没有明确要求时，分段压紧高度一般不大于800mm，但对于冲片质量较差或冲片叠压阻力较大的磁轭的分段压紧高度应降低。

Je5C3109　怎样测量分块式导轴承的间隙？

答：在 X、Y 方向各设一只百分表监视，先将导轴瓦向主轴旋转方向推靠，然后在瓦背用两个小螺杆千斤顶将瓦块顶在靠轴领上，这时监视主轴位移的百分表指示应无位移，用塞尺测量扛重螺钉头部与瓦背支撑点的最小距离，即为该瓦尺的轴承间隙值，并做好记录。

Je5C3110　如何修刮推力瓦？

答：刮瓦姿势通常为：左手握住刮刀柄，四指自然轻握且大拇指在刀身上部，左手在右手前面压住，并距刀头约 50～100mm，刀柄顶于腹部。操作时，左手控制下压，右手上抬，同时利用刮刀的弹性和腹部的弹力相配合，要求下刀要轻，然后重压—上弹，上弹速度要快，这样的刀花在下刀后上弹时的过渡处呈圆角。修刮时应保持刀刃锋利，找好刀的倾角，否则常会造成打滑不吃力或划出深沟而挑不起来等不良现象。

Je5C4111 怎样检查推力瓦面的接触点？

答：先在瓦面上涂一层极薄的酒精，用一块中间挖去面积等于 1cm^2 圆孔的薄铁皮放在瓦面上，数出孔中显示高点数并取其均值。

Je5C4112 如何研磨镜板？

答：将镜板镜面朝上，平稳放置在牢固的支架上，先用洁净的布将镜面擦净，再用细白布蘸酒精擦净，然后用两个外面包有细毛毡或呢子并均匀涂以研磨溶液的金属小平台研磨，转速可选择在 10r/min 左右为宜，转动方向为顺时针。

Je5C4113 转子磁极圆度的误差为多少？

答：磁极挂装后检查转子圆度，各半径与设计半径之差不应大于设计空气间隙的±4%。

Je5C5114 机组振动测量的方法有哪几种？

答：机组振动测量的方法按振动信号转换方式的不同，可分为：机械测振法、电测法和光测法三种。

Je5C5115 推力轴承甩油的一般处理方法有哪些？

答：一般处理方法有阻挡法、均压法、引致法。

Je4C1116 转子在机坑内检查时，应符合哪些要求？

答：（1）检查转子结构焊缝，各把合螺栓点焊好、无松动。

（2）转子挡风板焊缝无开裂和开焊，风扇应无裂纹。

（3）磁极键和磁轭键无松动，点焊无开裂。

Je4C1117 简述发电机导轴承、推力轴承冷却器的耐压标准。

答：发电机导轴承、推力轴承冷却器的耐压方法是：冷却器预装时（或分解状态）进行严密性耐压试验，如无特殊规定，可按 1.25 倍工作水压试验 30min 无渗漏可认为合格。

Je4C1118　发电机管路拆装中，要注意哪些问题？

答：要注意的问题有：

（1）管路检修应在无压下进行。

（2）油管路连接处应涂以铅油。

（3）高压管路的法兰连接处要进行检查或研磨，要求接触面达 70%以上；法兰盘垫不应垫偏，一般衬垫的内径应比法兰大 2～3mm；衬垫应不超过两层，不得使用楔形垫。

（4）新换上的管道要进行耐压试验。

（5）拆卸后的管道应用木塞堵住或用白布包紧，以防脏、异物掉入。

Je4C1119　转子吊出与吊入应具备的条件是什么？

答：应具备的条件有：

（1）对直接连轴结构的水轮发电机组，转子吊出前应将其主轴法兰分解。

（2）悬吊型水轮发电机组，吊出转子之前，需将转子顶起落在经加垫找平的制动器上。推力上导和下导轴承应分解完毕，并吊走励磁机和上部机架等部件；伞型水轮发电机组在吊出转子之前，除应吊走转子上部励磁机和上部机架等部件外，应根据具体结构情况决定分解推力头与转子的连接螺栓或分解推力轴承等有关部件。

（3）转子吊入之前，水轮机转轮与轴、座环、导水叶及顶盖等部件应已安装完毕，水轮机主轴的中心垂直及标高应已按拆前记录调整合格。

Je4C2120　试述发电机转子起吊的程序。

答：起吊的程序为：

（1）在转子吊出和吊入的过程中，每隔2～3个磁极，派一批人拿板条插入转子磁极和定子之间用手不断地提拉和下落，若木板条卡住，应及时报告给起重车指挥人员，待转子微调到中心后再继续起吊和下落。

（2）转子正式吊出和吊入之前，当转子升高至100～200mm时，应暂停十几分钟，由专人检查起重各部位是否安全、可靠，在各方面都有把握的情况下，方可缓慢、平稳的正式起吊。

（3）当转子吊出机坑时，指挥者应辨明转子“行走”的路线上无障碍时，再谨慎吊运。

（4）当转子吊入时，应按水轮机主轴停留的轴号方位调整发电机主轴对应轴号的方位下落，当转子快接近制动器时，应监视法兰止口是否可能相撞，检查证明无问题后，再将转子下落到制动器上，暂不撤去吊具和钢丝绳。

（5）法兰间隙测量与调整。

Je4C2121　转子测圆的注意事项有哪些？

答：注意事项有：

（1）在转子测圆期间，不要将测圆架长时间停留在电热旁边，以防测圆架受热变形影响测量精度。

（2）在推动测圆架时，要轻轻启动，用力均匀，防止突然推动使测圆架发生震颤。

（3）转子测圆时，不管测几遍，测圆架都应按同一个方向旋转，防止推架人由于疏忽而把测圆架推过了头再拉回来，变动了起始零位。

（4）上、下两只表的读数应互相通报，有利于及时发现差错。

（5）百分表在使用前，应检查一下其灵敏度和准确性以及测头是否松动等。

Je4C2122　发电机盘车应遵守什么规定？

答：应遵守的规定有：

（1）统一指挥。

（2）盘车前应通知转动部分上的以及附件的无关人员撤离。

（3）用天车拉转子时，作业人员不得站在拉紧钢丝绳的对面。

（4）听从指挥，及时记录盘车数据。

（5）无关物品不带入机组内部，盘车结束后清点携带的物品。

Je4C2123　机组检修中应如何保护零部件的加工面？

答：保护措施有：

（1）大件安放时应用木方或其他物体垫好，防止损坏加工面。

（2）精密的加工面不宜用砂布打磨，若有毛刺等，可用细油石或天然油石研磨，清扫干净后应涂防锈油，用毛毡或其他物体遮盖，以防损伤。

（3）精密的结合面或螺栓孔，通常要用汽油、无水乙醇或甲苯仔细清扫。

Je4C2124　简述推力瓦修刮重点。

答：检修中推力瓦的修刮以局部修刮为主，普遍挑花为辅，要求刀花深度为0.03～0.05mm，每平方厘米2～3个，高点分布均匀即为合格。

Je4C2125　在处理推力轴承运行中的甩油现象时，阻挡法中常见的措施有哪些？

答：常见的措施有：强化盖板密封，改进密封结构、气封，推力头内缘加装风叶、挡油环，在单层挡油管外侧加装稳油管等。

Je4C2126　推力瓦的修刮质量标准怎样？

答：质量标准为：

（1）挑花时，一般推力瓦每平方厘米为2～3个接触点。

（2）瓦花应交错排列，整齐美观。

（3）瓦花断面成楔形，下刀处应呈圆角，切忌下刀处成一深沟，抬刀时刮不成斜面。

Je4C2127　试述发电机转子吊入前制动风闸顶面高程的调整方法。

答：调整方法为：

（1）对于锁定螺母式的制动风闸，测量制动风闸顶面的高程，调整时可用手扳动螺母旋转，使制动风闸顶面高程调到所需的位置。

（2）对于锁定板式的制动风闸，首先要把制动风闸顶面的活塞提起，将锁定板锁定扳到锁定位置，然后落下活塞，在各制动风闸顶面上加垫，使其高程调到所需的位置。

Je4C3128　简述悬吊型发电机转子吊入前应具备的条件。

答：应具备以下条件：

（1）发电机的定子、转子已检修完毕，经检查合格并清扫、喷漆。

（2）水轮机的转动部分已吊入就位，或水轮机主轴法兰的中心、标高、水平已符合要求。

（3）位于转子下方的部件，如发电机部件、水导轴承、导水机构、主轴密封各部件，已安装就位或已预先吊入。

（4）制动风闸已安装、加垫、找平，其高程误差不大于0.5mm。

Je4C3129　写出推力头加温的计算公式。

答：加热温升的计算公式为：

$$\Delta T = K/(\alpha D_0)$$

式中 ΔT——推力头的加热温升，℃；

α——钢材线膨胀系数，$\alpha=11\times10^{-6}$mm/（mm·℃）；

K——选定的推力头配合孔径胀量，一般取 0.6～1.0mm；

D_0——室温下推力头与主轴的配合孔径，可现场实测，mm。

Je4C3130 机组盘车时应具备哪些基本条件？

答：应具备以下基本条件：

（1）机组各大部件已组装完毕，并已吊入机坑。

（2）推力轴承安装已基本完成，可以承受机组转动部分质量且受力均匀。

（3）安装推力头附近的导轴瓦，涂以润滑油，使瓦与轴间隙控制在 0.05mm 以内。

（4）发电机与水轮机的主轴连接已完毕。

（5）弹性油箱有保护罩还需将保护罩落下打紧，各保护罩打紧力尽可能保持一致。

（6）在导轴承和大轴法兰处，按 x、y 方向上下对应各装两只百分表。

（7）在盘车容易看见大轴处沿圆周八等分，并按逆时针方向依次编号。

Je4C3131 技术供水系统的水温、水压和水质不满足要求时，会有什么后果？

答：不满足要求时的后果有：

（1）水温。用水设备的进水温度在 4～25℃为宜，进水温度过高会影响发电机的出力，进水温度过低会使冷却器铜管外凝结水珠以及沿管长方向因温度变化太大造成裂缝而损坏。

（2）水压。为保持需要的冷却水量和必要的流速，要求进入冷却器的水有一定的压力。冷却器进水压力一般为0.2MPa为宜，进水压力下限取决于冷却器中的阻力损失，只要冷却器的进口水压足以克服冷却器内部压降及排水管路的水头损失即可。

（3）水质。水质不满足要求会使冷却器水管和水轮机轴颈面产生磨损、腐蚀、结垢和堵塞。

Je4C3132 为什么要进行推力瓦的受力调整？

答：推力瓦的受力调整，从广义上来讲，属于机组轴线调整工作中的一项重要工作内容，其主要作用是在主轴轴线调整合格，即满足发电机转子中心与定子中心、水轮机转轮中心与固定止漏环中心同心的误差要求的基础上，进一步调整各推力轴瓦抗重螺钉的高度，使各推力瓦受力均衡，从而保证推力轴承在机组运行中各瓦的油膜厚度均匀、瓦间温差小的良好运行状态，这也是满足机组安全、稳定运行的重要条件之一。

Je4C3133 发电机温度过高是由哪些原因引起的？

答：发电机的定子绕组、铁芯等温度过高，主要有下列原因：

（1）发电机过负荷运行，超过允许的时间。

（2）三相电流严重不平衡。

（3）发电机的通风冷却系统发生故障。

（4）定子绕组部分短路或接地。

（5）定子铁芯的绝缘可能部分损坏、短路，形成涡流。

（6）测量仪表故障。

Je4C3134 哪些安装和检修方面的原因，会引起轴瓦瓦温升高或烧瓦？

答：一般属于安装检修方面的原因有以下11项：① 轴瓦间隙过小；② 机组摆度过大；③ 机组中心不正；④ 油质不好

或油的牌号不对；⑤ 轴瓦修刮不良；⑥ 镜板粗糙度不够，卧式机组推力盘热套不正或热套紧力不够；⑦ 轴承绝缘不良；⑧ 冷却器失效；⑨ 抗重螺栓、定位销、固定螺栓未打紧；⑩ 就某些结构的推力轴承而言，各瓦受力不均；⑪ 油槽油量不足。

Je4C4135　造成机组在运行中振动增大的原因中，有哪些是属于机械方面的？

答：运行中同轴水轮发电机组的振动增大，属于机械方面的原因有以下10点：① 机组转动部分质量不平衡；② 主轴法兰连接不符合要求，引起摆度超过规定值；③ 发电机和水轮机主轴不同心；④ 推力轴承和导轴承调整不当；⑤ 机组转动部分与静止部分发生碰撞；⑥ 轴承座固定螺丝没上紧；⑦ 励磁机安装不正；⑧ 主轴变形；⑨ 部件的固有频率与机组的旋转频率、电磁频率相等或相近；⑩ 水平未调好。

Je4C4136　推力瓦温度过高造成事故的一般原因有哪些？

答：造成事故的一般原因有：

（1）推力瓦的周向偏心值选取不当。

（2）推力瓦的热变形和机械变形偏大。

（3）由于高压油顶起装置中的管路泄漏及单向阀失灵造成油膜刚度破坏。

（4）推力瓦受热不均匀。

（5）机组振动。

（6）润滑油循环不正常及冷却效果不好。

（7）轴电流对瓦的侵蚀。

Je3C2137　试述悬吊型水轮发电机的一般安装程序。

答：一般安装程序为：① 基础埋设；② 定子安装；③ 吊装风洞下部盖板；④ 下机架安装；⑤ 转子安装；⑥ 上机架安

装；⑦ 推力轴承安装；⑧ 发电机主轴与水轮机主轴连接；⑨ 机组整体盘车；⑩ 推力轴承受力调整；⑪ 转动部分的调整和固定；⑫ 励磁机和永磁机的安装；⑬ 附件及零件的安装；⑭ 全面清扫、喷漆、检查；⑮ 轴承注油；⑯ 试运转。

Je2C1138 水轮发电机定、转子气隙不均匀时，对导轴承运行有何影响？

答：水轮发电机定、转子气隙不均匀时，造成单边磁拉力的作用，气隙小的一边，导轴瓦所承受的径向磁拉力大；气隙大的一边则径向磁拉力小些。对于导轴承所承受的径向磁拉力大的一边，则容易出现瓦温升高或磨损。

Je2C1139 机组扩大性大修时，推力头拆前应进行哪些测量？

答：推力头拆前应进行下列测量：

（1）水轮机转轮上、下迷宫环间隙。

（2）对分块瓦来说，水导轴颈至水导轴承支架内圈的距离。

（3）发电机空气间隙。

（4）上导轴颈至瓦架内圈的距离。

（5）水轮机大轴法兰的标高。

（6）在尚未顶转子的情况下，测量镜板至瓦架的距离。

Jf5C1140 对工作人员的工作服有何要求？

答：要求如下：

（1）工作人员的工作服不应有可能被转动机器绞住的部分。工作时，衣服和袖口必须扎好，禁止戴围巾和穿长衣服，女工作人员禁止穿裙子，辫子最好剪掉，否则，必须盘在帽内。做接触高温物体的工作时，应戴手套和穿上合适的工作服。

（2）在水轮机以及构架等的检修现场以及在可能有上空

落物的工作场所时，必须戴安全帽，以免被落物打伤。

Jf5C1141 电气设备的高、低压是如何划分的？

答：高压指设备对地电压在 250V 以上者；低压指设备对地电压在 250V 以下者。

Jf5C2142 对绘图图板有何要求？如何使用？

答：图板一般用胶合板制成，板面要求平整光滑，左侧为导板，必须平直。使用时，应当保持图板的整洁完好。

Jf5C2143 丁字尺有何用途？如何正确使用？

答：丁字尺主要用来画水平线，它由尺头和尺身组成。使用时，尺头内侧必须靠紧图板的导边，用左手推动丁字尺上下移动，移动到所需的位置后，改变手势，压住尺身，由左向右画水平线。绘图时，禁止用尺身下缘画线，也不能用丁字尺画垂直线。

Jf5C2144 三角板与丁字尺联合使用时，能画出哪些线？

答：三角板与丁字尺联合使用时，可画垂直线以及与水平线成 30°、45°、60° 的斜线；两块三角板配合使用，还可画 15°、75° 的斜线。

Jf5C2145 如何知道绘图纸的正反面？

答：判断方法为：用橡皮擦拭图纸两个面，不易起毛的一面即为正面。

Jf5C2146 基本视图有哪些？

答：基本视图有主视图、仰视图、左视图、右视图、俯视图和后视图 6 种。

Jf5C2147 如何画局部视图？

答：画局部视图时，一般应在局部视图的上方标出视图的名称"×向"，在相应视图的附近用箭头指明投影方向并注上同样的字母，当局部视图按投影关系配置，中间又没有其他图样相隔时，可省略标注。

Jf4C1148 起重作业为什么要严格执行操作规程？

答：为保证起重作业安全可靠的进行，做到既无人身事故，又无设备事故，多快好省地完成全部施工任务，因此，作业时必须严格执行操作规程。

Jf4C1149 百分表有什么用途？使用时要注意哪些事项？

答：百分表可以用于测量工件的形位公差和相对位置。

百分表使用时要注意：

（1）百分表往往与专用表架和磁性表座联合使用，使用时要求固定牢靠。

（2）百分表的测杆中心应垂直于测量平面或通过轴心。

（3）测量时，百分表的测杆应压入2～3mm，即短针指在2～3之间，然后转动表盘，使长针对准"0"，即调零。

Jf4C2150 试述发电机转子起吊前如何试吊。

答：试吊方法为：

（1）当转子吊离100～150mm时，以10～20mm的小行程升降操作2～3次。

（2）检查起重机机构运行是否良好。

（3）用框形水平仪在轮毂加工面上测量转子的水平。

Jf4C3151 弹性金属塑料导轴瓦的检修有哪些要求？

答：检修要求有：

（1）弹性金属塑料导轴瓦表面严禁修刮和研磨。检查瓦面磨损情况及弹性金属丝（一般为青铜丝）有否露出氟塑料覆盖层。

（2）由于弹性金属塑料导轴瓦塑料瓦面硬度低，检修中注意划伤和磕碰。

（3）弹性金属塑料导轴瓦检修中应清扫油槽，要精心滤油，润滑油的清洁度应符合有关规定。

Jf4C3152　发电机常用的特性曲线有哪些？各有何作用？

答：发电机常用的特性曲线有：

（1）空负荷特性曲线。用来求发电机的电压变化率、未饱和的同步电抗值等参数。在实际工作中，可以用来判断励磁绕组及定子铁芯有无故障等。

（2）短路特性曲线。用来求发电机的重要参数，饱和同步电抗与短路比，可以用来判断励磁绕组有无短路故障等。

（3）负荷特性曲线。反映发电机电压与励磁电流之间的关系。

（4）外特性曲线。用来分析发电机运行中电压波动情况，借以提出对自动调节励磁装置调节方位的要求。

（5）调节特性曲线。使运行人员了解在某一功率因数下，定子电流达到多少时励磁电流不超过规定值并能维持额定电压。

利用这些曲线可以使电力系统无功功率分配更加合理。

Jf4C3153　设备吊装有哪些基本要求？

答：基本要求有：

（1）认真检查起吊工具，凡超过报废标准的，一律不准使用。

（2）捆绑重物的钢丝绳与机件棱角相接触处，应垫以钢板护角或木块。

（3）起吊时钢丝绳与垂直方向的夹角不超过45°。

（4）正式起吊前，应先将重物提起少许，检查绳结及各钢丝绳的受力情况，通常用木棍或钢撬棍敲打钢丝绳，使其靠紧并检查各钢丝绳受力是否均匀。

（5）数根钢丝绳的合力应通过吊物的重心，起吊时要平起平落。

Jf3C1154　手拉倒链使用前应做哪些检查？

答：应做如下检查：

（1）外观检查，各部分有无变形和损坏。

（2）上、下空载试验，检查链子是否缠扭，传动部分是否灵活，手拉链条有无滑链和掉链现象。

Jf3C2155　怎样区别黑铁管和直径相似的无缝钢管？

答：无缝钢管是用优质碳钢、普通低合金钢、高强耐热钢、不锈钢等制成。不镀锌的瓦斯管习惯上称为黑铁管。可从管子内壁有无焊缝和管径尺寸来判定。

Jf2C1156　哪些阀门必须解体检查？

答：必须解体检查的阀门有：

（1）安全阀、节流阀。

（2）严密性试验不合格的阀门。

Jf2C1157　阀体泄漏的原因和消除方法有哪些？

答：原因：制造时铸造质量不合格，有裂纹和砂眼，或者是阀体在补焊中产生应力裂纹。

消除方法：在漏点处用40%硝酸溶液浸蚀，便可显示出全部裂纹，然后用砂轮机磨光或铲去有裂纹和砂眼的金属层，进行补焊。

Jf2C1158　检修后的阀体应达到什么要求？

答：达到的要求为：

（1）阀体应无砂眼、裂纹及严重冲刷等缺陷。

（2）阀体管道内应无杂物，出入口畅通。

（3）阀体与阀盖的连接螺栓应完好，螺纹无损伤、滑口等现象。

Jf1C1159 简述焊件对口错口值的一般要求。

答：焊件对口时，一般应做到内壁平齐，如有错口，其错口值应符合下列要求：对接单面焊的局部错口值不应超过壁厚的 10%，且不大于 1mm；对接双面焊的局部错口值不应超过壁厚的 10%，且不大于 3mm。

Jf1C2160 对上机架检修工艺有哪些要求？

答：对上机架检修工艺的要求有：

（1）上机架吊出时各个支臂设专人监视。为防止起吊时晃动，可在对称四个支臂上各保留一个螺栓，只松开一半而不拆除，待机架稍起找正后拆除。

（2）起吊过程中，中心体设专人用薄木板条在中心体与上导轴颈、集电环间晃动，以防止碰坏轴颈和集电环等其他设备。

4.1.4 计算题

Jd5D1001 已知一物体的质量为50kg，求它的重量为多少？

解： $G=mg=50\times9.8$

$=490$（N）

答： 该物体的重量为490N。

Jd5D1002 将$\frac{5}{16}$in换算为毫米。

解： $25.4\times\frac{5}{16}\approx7.94$（mm）

答： $\frac{5}{16}$in等于7.94mm。

Jd5D2003 已知F_1=20N，试求图D-1中F_1在x、y轴上的投影。

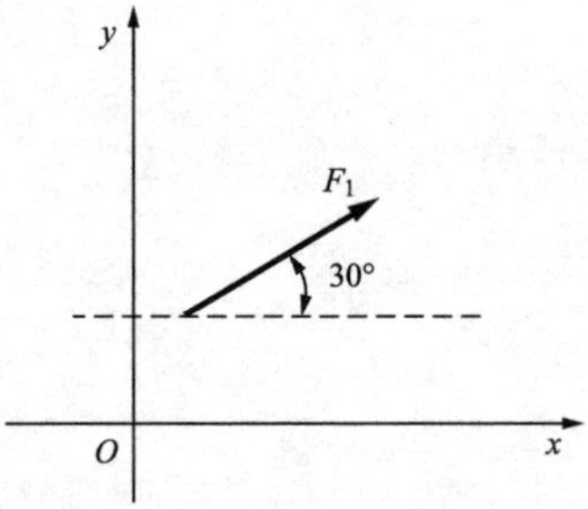

图D-1

解： $F_x=F_1\cos30°=20\times\cos30°=17.32$（N）

$F_y=F_1\sin30°=20\times\sin30°=10$（N）

答： F_1在x轴上的投影为17.32N，在y轴上的投影为10N。

Jd5D2004 已知 F_1=20N，试求图 D-2 中 F_1 在 x、y 轴上的投影。

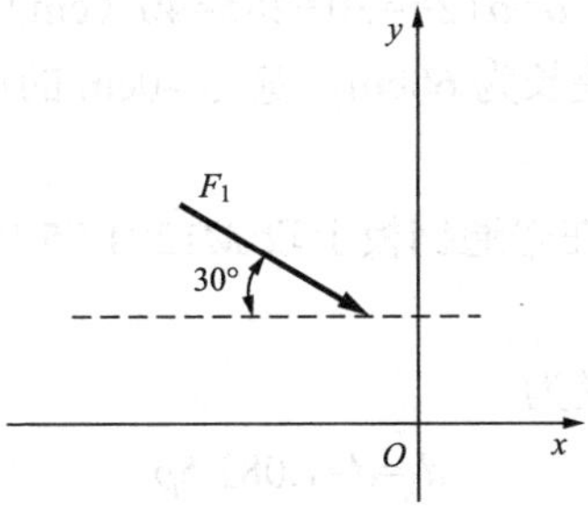

图 D-2

解：$F_x=F_1\cos30° =20\times\cos30° =17.32$（N）

$F_y= -F_1\sin30° =(-20)\times\sin30° = -10$（N）

答：F_1 在 x 轴上的投影为 17.32N，在 y 轴上的投影为–10N。

Jd5D2005 用铁皮做一直径为 250mm，高为 300mm 不带盖的油桶，至少领铁皮多少平方米？

解：$S=\pi D^2/4+ \pi Dh$

$=(3.14\times0.25^2)/4+3.14\times0.25\times0.3$

$=0.285$（m^2）

答：至少领铁皮 $0.285m^2$。

Jd5D2006 用一直径为 120mm，高为 200mm 的油桶，最多能装汽油多少千克（汽油$\gamma=0.8g/cm^3$）？

解：$V=[(\pi D^2)/4]\times h$

$=(3.14\times12^2)/4\times20=2260.8$（$cm^3$）

$G=\gamma V=0.8\times2260.8\times10^{-3}=1.81$（kg）

答：最多能装汽油 1.81kg。

Jd5D2007 做一只 50cm×30cm×5cm 的油盘，问需要一块

长、宽各为多少的铁皮？

解：$L=l+2h=50+2\times5=60$（cm）

$B=b+2h=30+2\times5=40$（cm）

答：需要一块长为60cm、宽为40cm的铁皮。

Jd5D3008 在普通钢板上攻$M12\times1.75$的螺纹，求底孔直径是多少？

解：底孔直径为

$$d_1=d-1.0825p$$
$$=12-1.0825\times1.75$$
$$\approx10.106\text{（mm）}$$

答：底孔直径约为10.106mm。

Jd5D3009 在一钢制圆杆上套$M12\times1.75$的螺纹，求螺纹的中径为多少？

解：螺纹中径为

$$d_2=d-0.6495p$$
$$=12-0.6495\times1.75$$
$$\approx10.863\text{（mm）}$$

答：螺纹中径约为10.863mm。

Jd5D3010 有一两轴平行的摩擦轮传动装置，已知主动轮转速n_1=600r/min，直径D_1=10cm，如果要使从动轮转速n_2=200r/min，应选择多大直径的从动轮？

解：因为 $n_1D_1=n_2D_2$

所以 $D_2=n_1D_1/n_2$

$$=600\times10/200$$
$$=30\text{（cm）}$$

答：应选择直径为30cm的从动轮。

Jd5D3011　每格为 0.01mm 的百分表，如果长针转 5 格，那么测量杆移动多少毫米？

解：　$5\times0.01=0.05$（mm）

答：测量杆移动 0.05mm。

Jd5D3012　一减速机工作时，输入轴上的功率为 5kW，输入轴轴承的效率为 0.99，齿轮传动效率为 0.96，输出轴轴承的效率为 0.97，问减速机的总效率是多少？总的效率损失系数是多少？

解：减速机的总效率η和总的效率损失系数ϕ分别为

$$\begin{aligned}\eta&=\eta_1\eta_2\eta_3\times100\%\\&=0.99\times0.96\times0.97\times100\%\\&=0.922\times100\%\\&=92.2\%\end{aligned}$$

$$\begin{aligned}\phi&=(1-\eta)\times100\%\\&=(1-0.922)\times100\%\\&=0.078\times100\%\\&=7.8\%\end{aligned}$$

答：减速机的总效率是 92.2%，总的效率损失系数是 7.8%。

Jd5D3013　已知水银的重力密度是 133kN/m^3，试求水银的密度？

解：　$\rho=\gamma/g=133/9.8=13.6$（kN・s^2/m^4）

因为　$1N=1kg\cdot m/s$

所以　$13.6kN\cdot s^2/m^4=13.6kg/m^3=13\,600g/m^3$

答：水银的密度为 13 600g/m^3。

Jd5D4014　在铸铁上攻 $M24\times3$ 的螺纹，求底孔直径是多少？

解：底孔直径为

$$d_1=d-1.082\,5p$$
$$=d-1.082\,5\times3$$
$$\approx20.752\text{（mm）}$$

答：底孔直径约为 20.752mm。

Jd5D4015 已知某图中标注为$\phi42_{\ 0}^{+0.062}$，求最大极限尺寸。

解：最大极限尺寸为

$$\phi(42+0.062)=\phi42.062\text{（mm）}$$

答：最大极限尺寸为 42.062mm。

Jd5D5016 用一精度为 0.02mm/m 格的方形水平仪，测得一表面使气泡移动 3.5 格，已知该物体长 1.5m，求该物体倾斜的高度差。

解：$$H=0.02\times3.5\times1.5=0.105\text{（mm）}$$

答：该物体倾斜的高度差为 0.105mm。

Jd4D1017 将$\frac{7}{64}$in 换算为毫米。

解：$$25.4\times\frac{7}{64}\approx2.78\text{（mm）}$$

答：$\frac{7}{64}$in 约等于 2.78mm。

Jd4D1018 一物体重 490N，求该物体的质量。

解：因为 $$G=mg$$

所以 $$m=G/g=490/9.8=50\text{（kg）}$$

答：该物体的质量为 50kg。

Jd4D1019 已知质量为 20kg 的刚体受一力的作用，产生的加速度为 4m/s^2，求该力为多大？

解：因为 $a=F/m$

所以 $F=am=4\times20=80$（N）

答：该力为 80N。

Jd4D1020 某物体在 50N 的外力作用下，沿力的方向移动 40mm，求此外力对该受力物体作了多少功？

解：

$$N=FS\cos\phi$$
$$=50\times40\times10^{-3}\times\cos0^{\circ}$$
$$=2\text{（J）}$$

答：此外力对该受力物体作了 2J 功。

Jd4D1021 已知：F=50N，求图 D-3 中 F 在 x、y 轴上的投影。

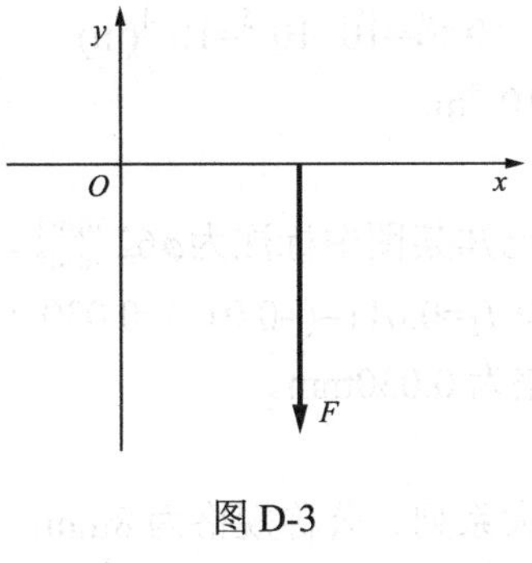

图 D-3

解：

$$F_x=F\cos\alpha=50\times0=0\text{（N）}$$
$$F_y=-F\sin\alpha=-50\times1=-50\text{（N）}$$

答：F 在 x 轴上的投影为 0，在 y 轴上的投影为−50N。

Jd4D2022 如图 D-4 所示，物体重 G=200N，置于水平面上，求至少需用多大的水平力才能拖动此物体？已知物体与水平面的摩擦系数 f=0.3。

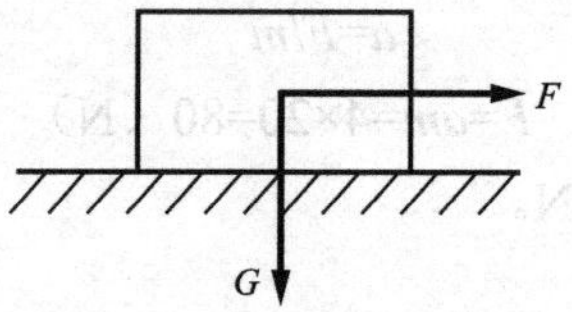

图 D-4

解：　　　　$F=fN$

　　　　　　$N=G$

则　　　　　$F=fG$

　　　　　　$=0.3\times200$

　　　　　　=60（N）

答：至少需用 60N 的水平力才能拖动此物体。

Jd4D2023　某上导瓦的间隙为 10 道，其相当于多少米？

解：　　10 道$=10\times10^{-5}=10^{-4}$(m)

答：相当于 10^{-4}m。

Jd4D3024　已知某图中标注为$\phi62^{+0.011}_{-0.019}$，求标准公差。

解：标准公差 $I_T=0.011-(-0.019)=0.030$（mm）

答：标准公差为 0.030mm。

Jd4D3025　大系列、公称规格为 8mm，由 A_2 组不锈钢制造的硬度等级为 200HV 级，不经表面处理、产品等级为 A 级的平垫圈，标准代号为 GB/T 97.1—2002，请对比垫圈作标记。

解：此标记为

垫圈 GB/T 97.1　8　A2

答：标记为垫圈 GB/T 97.1　8　A2。

Jd4D3026　已知：螺栓为粗牙普通螺纹，螺纹大径为

10mm，长度 L 为 100mm，标准代号 GB/T 5782—2000，请对此螺栓作标记。

解： 此标记为

螺栓 GB/T 5782—2000　M10×100

答： 标记为螺栓 GB/T 5782—2000　M10×100。

Jd4D3027　已知某轴传递功率为 80kW，n=582r/min，试求作用于该轴上的外力偶矩 M。

解： 根据公式

$$M=9549p/n$$
$$=9549\times80/582$$
$$=1313\text{（N·m）}$$

答： 作用于该轴上的外力偶矩为 1313N·m。

Jd4D3028　一减速机工作时，输入轴上的功率为 10kW，输入轴轴承的效率为 0.95，齿轮传动效率为 0.93，输出轴轴承的效率为 0.92。求：（1）减速机的总效率是多少？总的效率损失系数是多少？（2）输出轴输出的功率有多大？

解：（1）减速机的总效率 η 和总的效率损失系数 ϕ 分别为

$$\eta=\eta_1\eta_2\eta_3\times100\%$$
$$=0.95\times0.93\times0.92\times100\%$$
$$=0.813\times100\%$$
$$=81.3\%$$
$$\phi=(1-\eta)\times100\%$$
$$=(1-0.813)\times100\%$$
$$=0.187\times100\%$$
$$=18.7\%$$

（2）该输入轴的功率为 p_1，输出轴的功率 p_2，则

$$p_2=p_1\eta=10\times0.813=8.13\text{（kW）}$$

答： 减速机的总效率是 81.3%，总的效率损失系数是 18.7%；

输出轴输出的功率为 8.13kW。

Jd4D3029 一物体重 500N，放置在摩擦系数 $f=0.2$ 的水平平面上，给其施加与水平方向成 30° 的推力，该物体刚要滑动时，需要推力多大？

解：物体受力情况如图 D-5 所示。

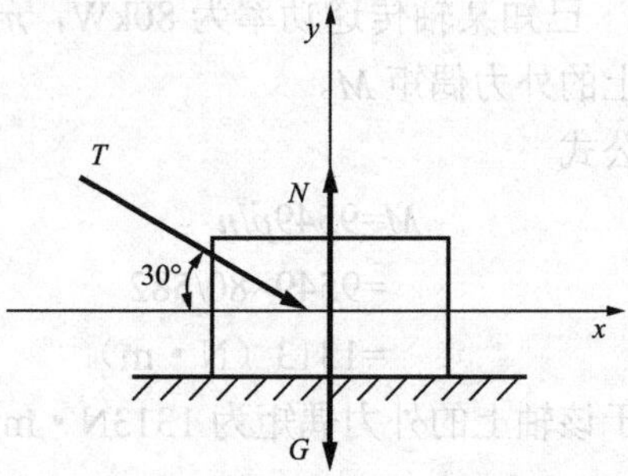

图 D-5

因物体刚好要向右滑动，故摩擦力向左且达到最大值，则

$$F=Nf=T\cos30°$$

在垂直方向没有移动，合力为零，则

$$T\sin30°+G=N$$

联立上述两式，解方程组可得

$$(T\sin30°+G)\cdot f=T\cos30°$$

代入数据可得 $T=130.55\text{N}$

答：需要推力 130.55N。

Jd4D4030 求如图 D-6 所示，三个力的合力。

解：取如图 D-6 所示的坐标系将三力分别向 x，y 轴投影，则

$$F_{1x}=F_1=100\text{N}$$

$$F_{1y}=0$$

$$F_{2x}=-F_2\cos30°=-50\sqrt{3}\ (\text{N})$$

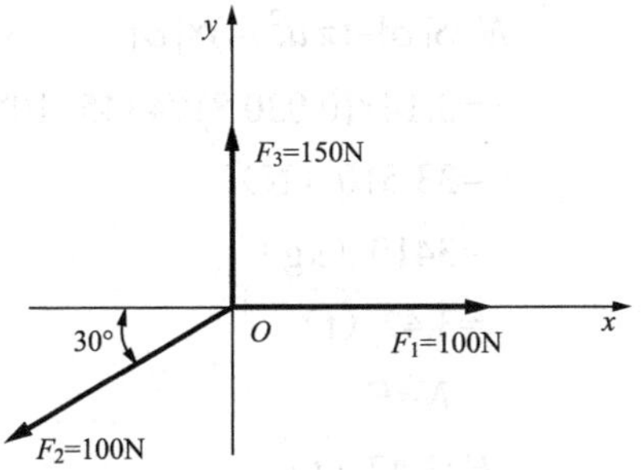

图 D-6

$$F_{2y}=-F_2\sin30^\circ=-50\text{（N）}$$

$$F_{3x}=0$$

$$F_{3y}=F_3=150\text{N}$$

则

$$\sum F_x=F_{1x}+F_{2x}+F_{3x}=100-50\sqrt{3}=13.4\text{（N）}$$

$$\sum F_y=F_{1y}+F_{2y}+F_{3y}=100\text{（N）}$$

则

$$F=\sqrt{(\sum F_x)^2+(\sum F_y)^2}$$

$$F=100.89\text{（N）}$$

答：所示三个力的合力为 100.89N。

Jd4D4031 如图 D-7 所示的吊钩由 A3 钢锻制而成，许用应力［σ］=45MPa，吊钩的螺纹为 $M36$，内径 d_1=30.8mm，试求吊钩所允许起吊的最大载荷。

解：由图 D-7 可见，吊钩在螺纹部分受到轴向拉力 F 的作用。由截面法得 $N=F$，并且整个吊钩在螺纹内径处截面积最小，故应在最小截面处使用强度条件，才能保证吊钩的安全。由$\sigma=N/S\leqslant$［σ］可以算出吊钩所允许吊起的最大载荷为

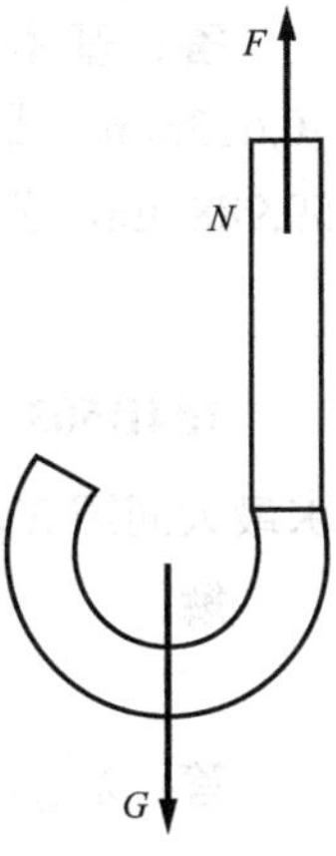

图 D-7

$$N=S[\sigma]=(\pi d_1^2/4)\times[\sigma]$$
$$=3.14\times(0.030\,8)^2/4\times45\times10^6$$
$$=33\,510\text{（N）}$$
$$=3419\text{（kg）}$$
$$=3.42\text{（t）}$$

因为 $N=F$

所以 $F=3.42$（t）

答：吊钩所允许起吊的最大载荷为3.42t。

Jd4D5032 在一零件图上，轴颈处标注有$\phi60^{+0.018}_{-0.012}$ mm，试计算该零件的基本尺寸、偏差、极限尺寸及公差。

解：基本尺寸 $l=60$mm

上偏差 $l_s=0.018$mm

下偏差 $l_i=-0.012$mm

最大极限尺寸 $L_{max}=60+0.018=60.018$（mm）

最小极限尺寸 $L_{min}=60-0.012=59.988$（mm）

公差 $T_s=0.018-(-0.012)=0.30$（mm）

答：基本尺寸为 60mm，上偏差为 0.018mm，下偏差为−0.012mm，最大极限尺寸为 60.018mm，最小极限尺寸为59.988mm，公差为0.30mm。

Jd4D5033 $\phi35^{+0.027}$mm 的孔与$\phi35^{+0.03}_{-0.002}$ mm 的轴相配合，求最大间隙 X_{max} 与最大过盈 Y_{max} 各为多少？

解： $X_{max}=0.027-(-0.002)=0.029$（mm）

$Y_{max}=0.030-0=0.030$（mm）

答：X_{max}、Y_{max} 分别为0.029mm、0.030mm。

Jd3D1034 已知 F=20N，试求图 D-8 中 F 在 x、y 轴上的投影。

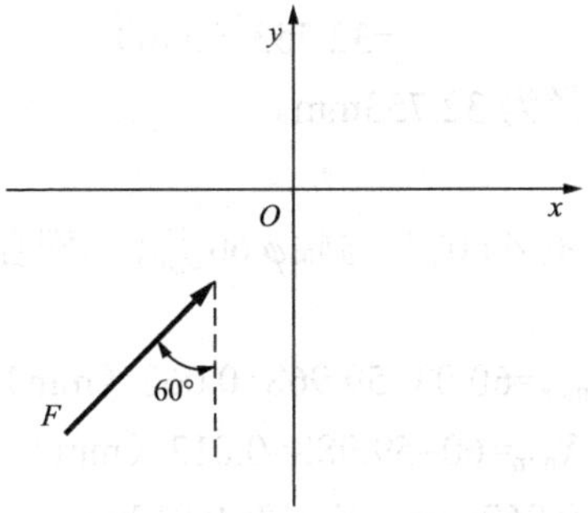

图 D-8

解： $F_x=F\sin60°=20\times\sin60°=17.32$（N）

$F_y=F\cos60°=20\times\cos60°=10$（N）

答： F 在 x、y 轴上的投影分别为 17.32N、10N。

Jd3D1035 试计算 14.28mm 为多少英寸？

解： 14.28/25.4=9/16=0.56（in）

答： 14.28mm 为 0.56in。

Jd3D1036 有一工件，材料为 Q235，在其上需设两个 $M16\times2$ 的螺纹，求底孔直径是多少？

解： 底孔直径为

$$d_1=d-1.082\,5p$$
$$=16-1.082\,5\times2$$
$$=13.835\text{（mm）}$$

答： 底孔直径为 13.835mm。

Jd3D1037 有一零件，材料为 HT10—26，在上需设 $M36\times3$ 的螺纹孔 4 个，求底孔直径是多少？

解： 底孔直径为

$$d_1=d-1.0825p$$
$$=36-1.0825\times3$$
$$=32.753\text{（mm）}$$

答：底孔直径为 32.753mm。

Jd3D2038 孔$\phi 60_{0}^{+0.03}$与轴$\phi 60_{-0.032}^{-0.012}$相配合，求$X_{max}$、$X_{min}$各为多少？

解：
$$X_{max}=60.03-59.968=0.062\text{（mm）}$$
$$X_{min}=60-59.988=0.012\text{（mm）}$$

答：X_{max}为 0.062mm，X_{min}为 0.012mm。

Jd3D2039 孔$\phi 60^{+0.03}$与轴$\phi 60_{-0.045}^{+0.065}$配合，求$Y_{max}$、$X_{max}$各为多少？

解：
$$Y_{max}=0.065-0=0.065\text{（mm）}$$
$$X_{max}=0.03-(-0.045)=0.075\text{（mm）}$$

答：Y_{max}为 0.065mm，X_{max}为 0.075mm。

Jd3D2040 孔$\phi 60^{+0.03}$与轴$\phi 60_{-0.02}^{+0.04}$配合，求X_{max}、Y_{max}各为多少？

解：
$$X_{max}=0.03-(-0.02)=0.05\text{（mm）}$$
$$Y_{max}=0.04-0=0.04\text{（mm）}$$

答：X_{max}为 0.01mm，Y_{max}为 0.04mm。

Jd3D2041 用螺旋千斤顶进行起重，已知螺杆上的螺旋线为 2 条，螺距为 2mm，求当螺母转动 5 圈时，重物上升的高度。

解：重物上升的高度为

$$H=5nt$$
$$=5\times2\times2$$
$$=20\text{（mm）}$$

答：重物上升的高度 20mm。

Jd3D3042 要制作一个直径150mm，高180mm的带盖油桶，需领白铁皮多少平方米？若汽油密度ρ=0.8g/cm^3，求此桶最多装多少千克汽油？

解： $S=2\times(\pi D^2)/4+\pi Dh$

$=2\times(3.14\times0.15^2)/4+3.14\times0.15\times0.18$

$=0.12$（m^2）

$G=\rho V$

$=0.8\times(\pi D^2)/4\cdot h$

$=0.8\times(3.14\times0.15^2)/4\times18$

$=2.543$（kg）

答： 需领白铁皮0.12m^2，此桶最多装2.543kg汽油。

Jd3D3043 某物体在100N的外力作用下沿与力成60°的方向移动了50cm，试求该力对此物体做了多少功？

解： $W=FS\cos\phi$

$=100\times0.5\times\cos60^\circ$

$=25$（J）

答： 该力对此物体做了25J功。

Jd3D3044 某设备质量m为8.1t，试计算若考虑钢丝绳的安全起吊质量，则应选用直径d为多少的钢丝绳（安全系数为9倍）？

解： 由 $d^2=m/9=8.1\times1000/9$

得 $d=30$（mm）

答： 应选用直径为30mm的钢丝绳。

Jd3D4045 求ϕ108mm×5mm的无缝钢管长度L=1m的质量m。

解： 已知：L=100cm，D=10.8cm，S=0.5cm，γ=7.85kg/cm^3，则

$m=\pi L(D-S)S\gamma$

$=3.14\times100\times(10.8-0.5)\times0.5\times7.85$

≈ 12.7（kg）

答：质量为12.7kg。

Jd3D4046 已知某电炉接在220V的电源上，正常工作时通过电阻丝的电流为5A，求此时电阻丝的电阻为多少？

解：根据公式 $I=U/R$

$$R=U/I=220/5=44\ (\Omega)$$

答：电阻丝的电阻为44Ω。

Jd3D5047 已知正六棱锥底面的边长为2cm，侧棱长为4cm，求正六棱锥的体积。

解：$V=1/3\times S\times h=1/3\times 6\times 1/2\times 2\times \sqrt{3}\times 2\sqrt{3}$

$=12\ (\text{cm}^3)$

答：正六棱锥的体积为12cm^3。

Jd2D1048 电动机轴通过联轴器与工作轴相连接，联轴器上的两个铆钉A、B对称地分布在同一圆周上。圆周直径AB=20mm，匀速转动时，电动机的轴传给联轴器的力偶矩m=0.05N·m，试求每个铆钉受的力F为多少？

解：取联轴器为研究对象，受力图如图D-9所示。

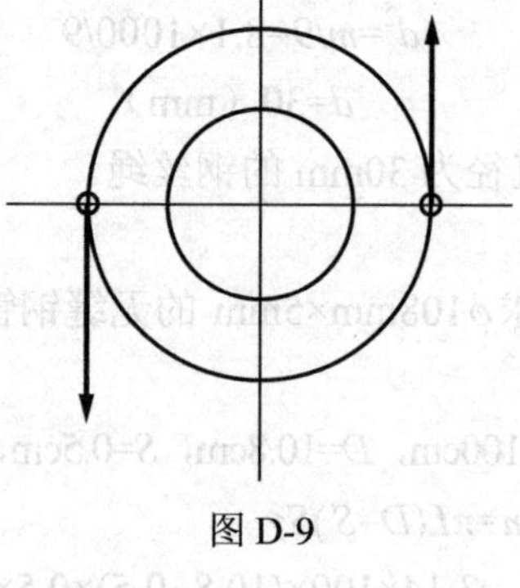

图D-9

设每个铆钉受力均匀为 F，则 A、B 铆钉所受的力就构成了力偶，它与电动机传入的力偶矩平衡，根据平面力偶系的平衡条件 $\sum M=0$，则

$$M-F\cdot AB=0$$

所以 $F=M/AB=0.05/0.02=2.5$（N）

答：每个铆钉受的力 F 为 2.5N。

Jd2D1049 某电器的功率为 30W，如每天开 2h，每千瓦时电费为 0.24 元，则一年（以 365 天计）要消耗多少钱电费？

解： $W=Pt=30\times2\times365/1000=21.9$（kW·h）

$$21.9\times0.24=5.26\text{（元）}$$

答：一年要消耗 5.26 元电费。

Jd2D2050 一物体重为 500N，放在水平面上，其摩擦系数 $f=0.2$，试求物体刚要滑动时所需的力（力与水平方向成 30° 的拉力）。

解：物体受力图如图 D-10 所示。

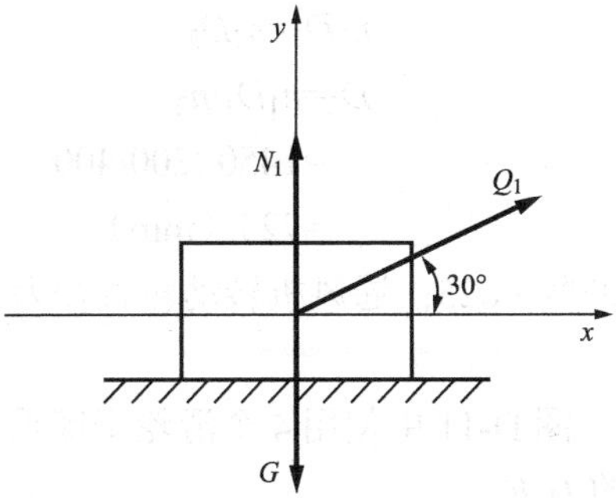

图 D-10

如图 D-10 所示，G 为物体的重力，N_1 为法向反力，Q_1 为

拉力。因为物体刚好向右滑动，故摩擦力 F_1 向左且为最大值，则

$$F_1=fN_1=0.2N_1$$

由 $\Sigma F_x=0$，则

$$Q_1\cos30°-F_1=0$$

由 $\Sigma F_y=0$，则

$$Q_1\sin30°+N_1-G=0$$

联立上述三式，代入数据得

N_1=448.3（N）　　Q_1=103.5（N）

答：物体刚要滑动时所需的力为 103.5N。

Jd2D2051　用电动机通过三角皮带传动带动一通风机，电动机的转速 n_1=1450r/min，功率 P=18.5kW，通风机转速 n_2=400r/min，电动机轮直径为 200mm，求传动比及通风机转动轮直径。

解： 传动比为

$$i=n_1/n_2=1450/400=3.625$$

因为 $$n_1D_1=n_2D_2$$

所以 $$D_2=n_1D_1/n_2=1450\times200/400=725\text{（mm）}$$

答：传动比为 3.625；通风机转动轮直径为 725mm。

Jd2D2052　图 D-11 中使用 4 个滑轮平衡重 200kg 的荷载，试确定绳子加的力 F。

解： $F=W/n=200\times9.8/4=490$（N）

答：绳子加的力为 490N。

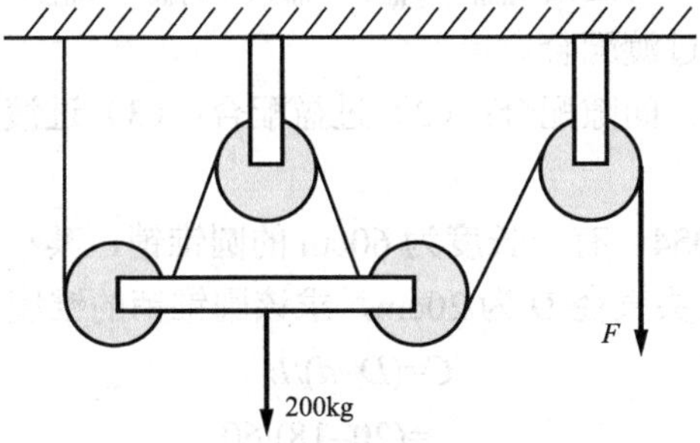

图 D-11

Jd2D3053 已知（1）$\phi 20^{+0.023}$孔与$\phi 20^{-0.008}_{-0.022}$轴配合；（2）$\phi 30^{+0.042}$孔与$\phi 30^{+0.092}_{+0.047}$轴配合；（3）$\phi 35^{+0.027}$孔与$\phi 35^{+0.030}_{-0.002}$轴配合。请判断上述三种配合的性质。

解：（1）

$$L_{max}=20.023\text{（mm）}$$
$$l_{max}=19.992\text{（mm）}$$
$$L_{min}=20\text{（mm）}$$
$$l_{min}=19.978\text{（mm）}$$
$$\text{因为 } L_{min}<l_{max}$$

所以为间隙配合。

（2）

$$L_{max}=30.042\text{（mm）}$$
$$L_{min}=30\text{（mm）}$$
$$l_{max}=30.092\text{（mm）}$$
$$l_{min}=30.047\text{（mm）}$$
$$\text{因为 } L_{max}<l_{min}$$

所以为过盈配合。

（3）

$$L_{max}=35.027\text{（mm）}$$
$$L_{min}=35\text{（mm）}$$
$$l_{max}=35.030\text{（mm）}$$
$$l_{min}=34.998\text{（mm）}$$

因为 $l_{min} < L_{min} < l_{max}$ 而 $l_{max} > L_{max} > l_{min}$

所以为过渡配合。

答：（1）间隙配合；（2）过盈配合；（3）过渡配合。

Jd2D3054 有一长度为 60cm 的圆锥销，其小头直径 d 为 18cm，其大头直径 D 为 20cm，求该圆锥销的锥度 C 值。

解：
$$C=(D-d)/L$$
$$=(20-18)/60$$
$$=1/30$$

答：该圆锥销的锥度为 1/30。

Jd2D3055 人体的电阻 R 低时只有 600Ω，通过人体的电流 I 不大于 50mA，就没有生命危险，求最高安全电压 U。

解：
$$U=IR=50\times0.001\times600=30\text{（V）}$$

答：人体的最高安全电压为 30V。

Jd2D4056 某联轴器中心找正原始记录如图 D-12 所示，求上、下中心偏差及上、下张口距离各是多少？

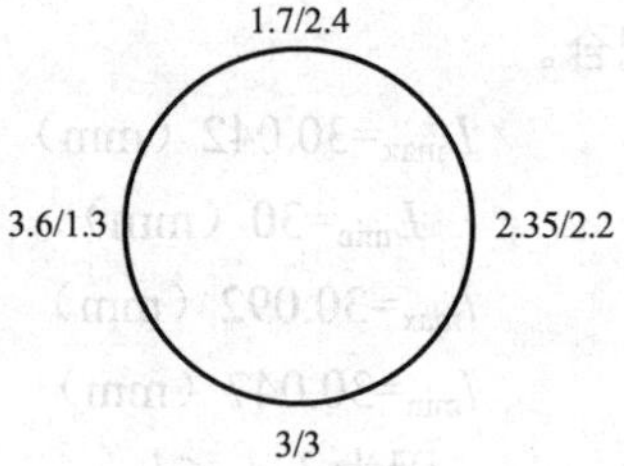

图 D-12

解：
$$\Delta a=(a_1-a_3)/2=(1.7-3)/2=-0.65\text{（mm）}$$
$$\Delta b=(b_1-b_3)=2.4-3=-0.6\text{（mm）}$$

答：上、下中心偏差及上、下张口距离各是−0.65mm 和−0.6mm。

Jd2D4057 已知涡轮减速机输入轴转速 n_1=750r/min，涡轮齿数 Z_2 为 60，涡杆头数 Z_1 为 3，求输出轴转数 n_1 为多少？

解： 由转动关系式 $n_1Z_1=n_2Z_2$，得

$$n_2=n_1Z_1/Z_2=750\times3/60=37.5\text{（r/min）}$$

答： 输出轴转数 n_1 为 37.5r/min。

Jd2D4058 有一部分齿的齿轮（标准齿轮）需测绘图纸，经测绘 Z 为 20，d_t（d_t为齿顶圆直径）为 132mm，d_f（d_f为齿根圆直径）为 105mm，假设齿顶高系数 h_t 为 1，求该齿轮的模数 m 及分度圆的直径 d。

解： 根据公式 $d_t=(Z+2h_t)m$

$$m=d_t/(Z+2h_t)$$
$$=132/(20+2\times1)$$
$$=6$$

则

$$d=Zm=20\times6=120\text{（mm）}$$

答： 该齿轮的模数为 6，分度圆的直径为 120mm。

Jd2D5059 已知某钢管截面积 A 为 35mm^2，抗拉强度δ为 411.6N/mm^2，求钢管所能承受的最大破坏拉力载荷 F。

解： 根据公式 $\delta=F/A$

则

$$F=\delta A=411.6\times35=14\,406\text{（N）}$$

答： 钢管所能承受的最大破坏拉力载荷为 14 406N。

Jd2D5060 有一台 BA 型离心泵流量为 200l/s，总扬程为 20m，效率为 78%，现打算用联轴器直接传动，问需配多大功率的电动机？

解： $P=Q\gamma h/\eta=200\times0.001\times9.81\times20/78\%\approx50.3$（kW）

答： 需配 50.3kW 的电动机。

Jd1D2061 通过三角皮带传动带动一通风机，电动机的转速 n_1=1450r/min，功率 P=18.5kW，通风机转速 n_2=400r/min。试选择皮带型号和两皮带轮直径，并计算皮带传动速度。

解：（1）三角带选型：

根据传递功率 P=18.5kW 查表得皮带型号为 B 型或 C 型，试选用 C 型。

（2）确定小皮带轮直径：

因为 C 型皮带的最小直径为 200mm，所以取 D_1=200mm。

（3）确定大皮带轮直径：

根据 $i=n_1/n_2$，$n_1D_1=n_2D_2$，得

$$D_2=n_1D_1/n_2=200\times1450/400=725\text{（mm）}$$

（4）计算皮带速度：

$$v=n\pi D/60=3.14\times0.2\times1450/60=15.18\text{（m/s）}$$

因为 v=15.16m/s＜C 型皮带的许用速度 25m/s，故取用 C 型较合适。

答：取用 C 型较合适，小皮带轮直径为 200mm，大皮带轮直径为 725mm，皮带传动速度为 15.18m/s。

Jd1D2062 试选择减速向内齿轮与键的连接。已知轴径 D=50mm，材料为 45 号钢，齿轮轮毂长 L=85mm，材料为 A3 钢。齿轮所传递的扭矩 M_n=450N・m，载荷有轻微冲击（可查五金手册）。

解：（1）键的选择：

根据轴径 D=50mm，可查得键的尺寸，键宽 b=85mm，键高 h=85mm，键长 L=70mm，查表可得键的型号为 16×80。

根据轴和轮毂的材料，查表得 K=4.7mm。

（2）校核键连接的挤压强度：

$$\text{键的工作长度 } L'=L-6=64\text{（mm）}$$

则其挤压应力为

$$\sigma_{jy}=2M_n/DKL'=2\times450/(0.05\times0.004\,7\times0.064)=60\text{（MPa）}$$

考虑载荷有轻微冲击，查表得［σ_{jy}］=100～120MPa，则

$$\sigma_{jy} < [\sigma_{jy}]$$

则此键工作能保证安全，故选用 16×80 的键。

答：选用 16×80 的键。

Jd1D2063 某行车主钩卷扬机如图 D-13 所示，已知电动机的转速 n_1=582r/min，功率 P=80kW，传动轴径 D=55mm，［τ］=50MPa，试校核该轴强度。

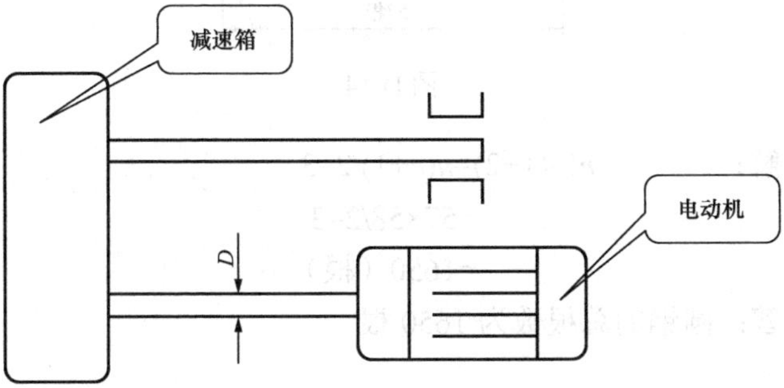

图 D-13

解：（1）计算外力偶矩：

由电动机直接带动传动轴，故轴上作用的外力偶矩为

$$M=9545\times P/n=9545\times 80/582\approx 1312\text{（N·m）}$$

（2）计算扭矩：

$$M_n=M=1312\text{（N·m）}$$

（3）校核强度：

$$Z_p\approx 0.2D^3 \qquad \tau_{max}=M_n/Z_p\approx 39.4\text{（MPa）}$$

显然 $\tau_{max} < [\tau]$，所以传动轴的强度足够。

答：校核结果该传动轴的强度足够。

Jd1D3064 存放圆钢时，在一头看见一正三角形，如图 D-14 所示。即上一层总比下一层少一根，如最底层是 57 根，

最上层是 3 根，求圆钢的总根数。

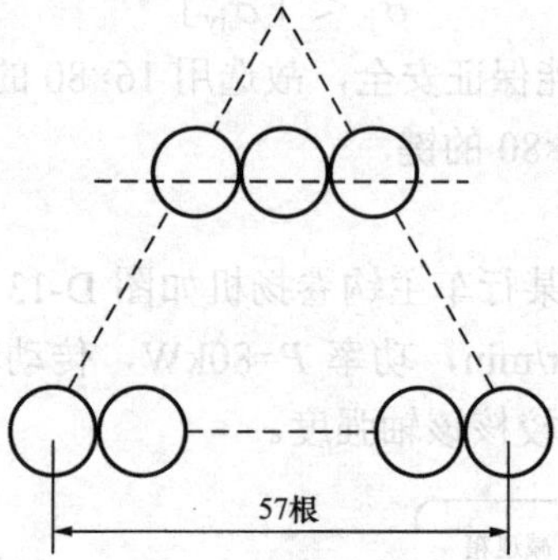

图 D-14

解： $n!-(1+2)=n(n+1)/2-3$

$=57\times58/2-3$

$=1650$（根）

答： 圆钢的总根数为 1650 根。

Jd1D3065 要镗一椭圆形的孔，已知其离心率 $e=4/5$，焦距为 40mm，求椭圆的长半轴、短半轴及面积。

解： 根据公式 $e=c/a$，$c/2=a-b$

（式中，a 为长半轴，b 为短半轴，c 为焦距）

则 $a=(5/4)\times c=50$（mm）

由 $b=a-c/2$

得 $b=30$（mm）

$S=a\times b\times\pi$

$=50\times30\times\pi$

$=1500\pi$

$=4710$（mm^2）

答： 椭圆的长半轴为 50mm，短半轴为 30mm，面积为 $4710mm^2$。

Jd1D4066 两圆柱直齿轮啮合，该齿轮组模数为 4，大齿轮齿数为 36，小齿轮齿数为 24，求中心距 a。

解：

$$a=1/2\times m\times(Z_1+Z_2)$$
$$=1/2\times4\times(36+24)$$
$$=120\text{（mm）}$$

答：中心距 a 为 120mm。

Jd1D4067 已知直齿轮组 Z_1=21，齿顶圆直径 d_{t_1}=45.28mm，Z_2=30，d_{t_2}=62.3mm，f_0=1，求大端模数 m。

解：根据公式 $\tan\psi_1=Z_1/Z_2=21/30=0.7$

则

$$\psi_1=35°$$

且

$$h=mf_0$$
$$d_{t1}=df+2h\cos\psi$$
$$=mZ_1+2mf_0\cos35°$$
$$m=d_{t1}/(Z_1+2\cos35°)=45.28/(21+2\times0.82)=2$$

答：大端模数 m 为 2。

Jd1D5068 已知某泵的轴功率 P_1 为 2.62kW，用弹性联轴器传动，传动效率 η =98%，备用系数 K 取 1.50，求配套功率 P_2 为多少？

解：已知：P_1=2.62kW，则

$$P_2=K\times(P_1/\eta)=1.5\times(2.62/98\%)=4\text{（kW）}$$

答：配套轴功率为 4kW。

Jd1D5069 共析碳钢自奥氏体区缓冷至室温的结晶过程，试计算其室温时珠光体中碳素体与渗碳体的相对量。

解：渗碳体中的含碳量为 6.67，且 Fe 的原子量为 56，C 的原子量为 12，由 Fe_3C 原子量计算可得

[12/(56×3+12)]×100%=6.67%

因为查表可知共析碳钢含碳量为 0.77%，铁素体中含碳量很少，则

$$Fe_3C\%=(0.77/6.67)\times100\%=11.5\%$$

珠光体中碳素体的相对量为

$$P\%=1-11.5\%=88.5\%$$

答：碳素体与渗碳体的相对量分别为 88.5%和 11.5%。

Jd1D5070 设销轴的实际尺寸为ϕ11.975mm，直线度误差为 0.01mm，试求出其作用尺寸是多少？

解： 11.975+0.01=11.985（mm）

答：它的作用尺寸是 11.985mm。

Je5D1071 已知某发电机转子磁极数为 40 个，试求该发电机的转速。

解：磁极对数为 20 对，根据国家标准频率 f=50Hz，则

$$n=60f/p=60\times50/20=150\ (\text{r/min})$$

答：发电机的转速为 150r/min。

Je5D1072 某台水轮发电机的转速为 125r/min，求其转子磁极对数。

解：已知：f=50Hz，n=125r/min，则

$$p=60f/n=60\times50/125=24\ (对)$$

答：该台发电机转子磁极对数为 24 对。

Je5D1073 某电站水轮发电机共有 12 个风闸，每个风闸活塞直径为 220mm，现有 8.5MPa 的压力油顶转子，问顶起的力为多少吨？

解：风闸顶起的力为

F=风闸数量×顶起压力×单个活塞截面积

$=12\times8.5\times3.14\times220^2/4/9.8$

$=395\ 447.8$（kg）

答：顶起的力为395.447 8t。

Je5D1074 某电站水轮发电机组共有12个风闸，每个风闸活塞的直径为280mm，转子装配总质量为520t，求顶起转子的最小油压为多少？

解：12个风闸活塞的截面积为

$$S=\pi D^2/4\times12$$
$$=3.14\times28^2/4\times12$$
$$=7385.28\ (\text{cm}^2)$$
$$P=F/S$$
$$=520\ 000/7385.28$$
$$=70.4\ (\text{kg/cm}^2)$$
$$=6.9\ (\text{MPa})$$

答：顶起转子的最小油压为6.9MPa。

Je4D2075 某台水轮机计算最优转速为125r/min，请问与它同轴运行的水轮发电机转子磁极对数选取多少才能满足国家标准频率50Hz的要求？

解：转子磁极对数

$$p=60f/n=(60\times50)/125=24\text{（对）}$$

答：转子磁极对数24对。

Je4D2076 已知某发电机热打磁轭键时，要求磁轭单侧紧量为0.05mm，磁轭键斜率为1/200，求磁轭键打入深度。

解：根据磁轭键打入深度的计算公式

$$h=\delta/j$$
$$=0.05/(1/200)$$
$$=10\ (\text{mm})$$

答：磁轭键打入深度为10mm。

Je4D3077 已知某悬式机组法兰处净摆度为：1号及5号轴位摆度值为$\phi_1=\phi_5=-14$，2号及6号轴位摆度值为$\phi_2=\phi_6=-35$，3号及7号轴位摆度值为$\phi_3=\phi_7=-20$，4号及8号轴位摆度值为$\phi_4=\phi_8=0$，推力头底面直径为2m，上导距法兰测点距为5m，求推力头或绝缘垫的最大刮削量为多少？

解：法兰最大斜度

$$j_{max}=\phi_{max}/2$$
$$=35/2$$
$$=17.5$$

则推力头或绝缘垫的最大刮削量为

$$\delta=jD/L$$
$$=(17.5\times2)/5$$
$$=0.07\text{（mm）}$$

答：推力头或绝缘垫的最大刮削量为0.07mm。

Je4D3078 水轮发电机制动用风闸共有4个，其活塞直径为d=12cm，低压气压p=50N/cm^2，风闸闸板与制动环摩擦系数f=0.4，风闸对称分布，风闸中心到机架中心距离为46cm，试求刹车时作用在转子上的制动力偶矩。

解：每个风闸的制动力F为

$$F=\pi d^2/4\times p\times f=(\pi\times12^2)/4\times50\times0.4=2262\text{（N）}$$

刹车时的制动力偶矩为

$$M=4\times F\times S$$
$$=4\times2262\times0.46$$
$$=4162\text{（N·m）}$$

答：刹车时作用在转子上的制动力偶矩为4162N·m。

Je4D3079 一行灯变压器额定电压为220/36V，已知其一次侧额定电流为36A，假设效率100%，求二次侧（低压侧）额定电流的值为多少？

解：因一次侧、二次侧电功率相等，则

$$U_1I_1=U_2I_2$$
$$I_2=(U_1I_1)/U_2$$
$$=(220\times36)/36$$
$$=220\text{（A）}$$

答：二次侧（低压侧）额定电流的值为220A。

Je4D3080　一发电机磁极对数为p=15，额定频率为50Hz，问其额定转速为多少？当发电机达到飞逸转速$n_f=140\%\,n_e$时，其频率为多少？

解：（1）已知：p=15，f_e=50Hz，则

$$n_e=60f_e/p$$
$$=60\times50/15$$
$$=200\text{（r/min）}$$

（2）由$f=np/60$可以得知，当p一定时，f与n成正比

所以当$n_f=140\%\,n_e$时

$$f_f=140\%f_e=50\times1.4=70\text{（Hz）}$$

答：额定转速为200r/min，频率为70Hz。

Je4D3081　用螺旋千斤顶进行起重，已知螺杆上的螺旋线为2条，螺距为2mm，问：（1）螺杆导程S为多少？（2）当螺母转动5圈时，重物上升的高度H为多少？

解：（1）根据公式导程S=螺杆系数n×螺距t，则

$$S=nt=2\times2=4\text{（mm）}$$

（2）上升高度H=导程S×圈数=5×4=20（mm）

答：螺杆导程S为4mm；当螺母转动5圈时，重物上升的高度H为20mm。

Je4D4082 某悬式机组推力头底面直径为 2m，上导与法兰测点距为 5m，各测点百分表实测值如表 D-1 所示，试计算法兰处的全摆度和净摆度。

表 D-1　　上导与法兰处各测点百分表实测值数据表

10^{-2}mm

测点编号	1	2	3	4	5	6	7	8
上导表测值	1	1	1	0	–1	–2	–1	0
法兰表测值	–12	–24	–19	–11	0	8	–1	–7

解： 上导处全摆度分别为

$\phi_{a1-5}=1-(-1)=2 \quad \phi_{a2-6}=1-(-2)=3$

$\phi_{a3-7}=1-(-1)=2 \quad \phi_{a4-8}=0-0=0$

法兰处的全摆度分别为

$\phi_{b1-5}=-12-0=-12 \quad \phi_{b2-6}=-24-8=-32$

$\phi_{b3-7}=-19-(-1)=-18$

$\phi_{b4-8}=-11-(-7)=-4$

法兰处的净摆度分别为

$\phi_{1-5}=-12-2=-14 \quad \phi_{2-6}=-32-3=-35$

$\phi_{3-7}=-18-2=-20 \quad \phi_{4-8}=-4-0=-4$

答： ϕ_{a1}（ϕ_{a5}）、ϕ_{a2}（ϕ_{a6}）、ϕ_{a3}（ϕ_{a7}）、ϕ_{a4}（ϕ_{a8}）分别为 2、3、2、0；ϕ_{b1}（ϕ_{b5}）、ϕ_{b2}（ϕ_{a6}）、ϕ_{b3}（ϕ_{a7}）、ϕ_{b4}（ϕ_{8}）分别为–12、–32、–18、–4；ϕ_{1}（ϕ_{5}）、ϕ_{2}（ϕ_{6}）、ϕ_{3}（ϕ_{7}）、ϕ_{4}（ϕ_{8}）分别为–14、–35、–20、–4。

Je4D4083 有一台 SF40–12/42 水轮发电机，额定电压 U_e=13.8kV，额定功率 P_e=40MW，额定功率因数 $\cos\phi_e$=0.85，试求额定容量 S_e 和额定电流 I_e。

解：

$$S_e=P_e/\cos\phi_e$$

$$=40/0.85$$

$=47.1$（MVA）

$I_e=S_e/\sqrt{3}U_e$

$=(47.1\times10^3)/(\sqrt{3}\times13.8)$

$=1970.5$（A）

答：额定容量为 47.1MVA，额定电流为 1970.5A。

Je4D4084 已知一对正齿轮 $m=5$，$Z_1=24$，$Z_2=48$，试计算齿轮的主要尺寸。

解：分度圆直径

$D_1=mZ_1=5\times24=120$（mm）

$D_2=mZ_2=5\times48=240$（mm）

齿顶圆直径

$D_1'=D_1+2m=120+10=130$（mm）

$D_2'=D_2+2m=240+10=250$（mm）

齿根圆直径

$D_1''=D_1-12.5=120-12.5=107.5$（mm）

$D_2''=D_2-12.5=240-12.5=227.5$（mm）

齿顶高

$h_1=h_2'=m=5mm$

齿根高

$h_1''=h_2''=6.25mm$

全齿高

$h=h_1+h_1''=6.25+5=11.25$（mm）

答：（略）。

Je4D5085 某水轮发电机转子支臂组合螺栓受力部分长度 $L=165mm$，设计许用应力$\sigma=127.4MPa$，室温为 20℃，若采用热紧法，取温降值为 20℃，求（1）螺栓加热温度；（2）按许用应力计算螺栓伸长值（已知：螺栓材料弹性模数 E 为 206×10^9Pa；线长系数α为 11×10^{-6}）。

解：（1）已知：室温为 t_1=20℃，温降 t_2 为 20℃，则

$$T=\sigma/(\alpha E)+t_1+t_2$$
$$=(127.4\times10^6)/(11\times10^{-6}\times206\times10^9)+20+20$$
$$\approx96（℃）$$

（2）
$$\Delta L=(\sigma/E)L$$
$$=(127.4\times10^6/206\times10^9)\times165$$
$$=0.102（mm）$$

答：螺栓加热温度为 96℃；螺栓伸长值为 0.102mm。

Je4D5086 一发电机推力轴承的推力头，内径为 435.10mm，其与轴的配合间隙为 0.08mm，现在室温为 18℃，问：将其内径与轴领的配合间隙扩大到 0.28mm，需将推力头加温到多少摄氏度（已知：$\alpha=11\times10^{-6}$/℃）？

解：配合间隙的变化量

$$\delta=0.28-0.08=0.20（mm）$$
$$\Delta T=\delta/\alpha D$$
$$=0.2/(11\times10^{-6}\times435.1)$$
$$\approx42（℃）$$
$$T=T_0+\Delta T=18+42=60（℃）$$

答：须将推力头加温至 60℃。

Je4D5087 在机组中心测定中，测出定子 8 个点的读数如表 D-2 所示，定、转子设计间隙为 15mm，试分析其圆度。

表 D-2 定子 8 个点读数统计表 mm

位置	a_1	a_2	a_3	a_4	a_5	a_6	a_7	a_8
读数	1015.73	1015.10	1014.05	1014.96	1015.51	1014.90	1014.33	1015.13

解：各半径的平均值为 $\overline{a}$=1014.96mm，则

$$\Delta a_1=a_1-\overline{a}=0.77（mm）$$

$$\Delta a_2=a_2-\overline{a}=0.14\text{（mm）}$$
$$\Delta a_3=a_3-\overline{a}=-0.91\text{（mm）}$$
$$\Delta a_4=a_4-\overline{a}=0\text{（mm）}$$
$$\Delta a_5=a_5-\overline{a}=0.55\text{（mm）}$$
$$\Delta a_6=a_6-\overline{a}=-0.06\text{（mm）}$$
$$\Delta a_7=a_7-\overline{a}=-0.63\text{（mm）}$$
$$\Delta a_8=a_8-\overline{a}=0.17\text{（mm）}$$

根据要求，各实测半径与各实测半径平均值之差不得超过定、转子设计间隙的±4%（即±0.60mm），可见1点的半径偏大，3、7点的半径偏小。

答：1点的半径偏大，3、7点的半径偏小。

Je3D1088 某台水轮发电机的额定容量为76 500kVA，$\cos\phi=0.85$，$n_e=100$r/min，频率$f=50$Hz，求该机的磁极个数为多少？

解： $p=60f/n=60\times50/100=30$（对）

则该机的磁极个数为2×30=60（个）

答：该机的磁极个数为60个。

Je3D2089 某水轮发电机组制动用风闸共12个，风闸活塞直径280mm，低压风压力$P=0.7$MPa，风闸与闸板间摩擦系数$f=0.4$，风闸均布在800cm的圆周上，试估算刹车时风闸作用在转子上的制动力和制动力偶矩。

解： 已知：$n=12$，$P=0.7$MPa，$D=800$cm$=8$m，$f=0.4$，$d=280$mm，则

$$F=nfN$$
$$=nfPs$$
$$=12\times0.4\times0.7\times10^6\times\pi(280\times10^{-3})^2/4$$
$$=206.79\text{（kN）}$$

则 $M=FD/2=(206.8\times8)/2=827.16$（kN·m）

答：作用在转子上的制动力为206.79kN；制动力偶矩为827.16kN·m。

Je3D3090 用0.02mm/m的框形水平仪检查主轴的垂直，当水平仪的测量面靠上主轴后，汽泡偏移3格，求主轴的绝对倾斜值（已知：主轴长7m）。

解：
$$0.02\times3\times7=0.42\text{（mm）}$$

答：主轴的绝对倾斜值为0.42mm。

Je3D3091 某台水泵的流量为30m^3/h，相当于多少升每秒？

解：因为1m^3=1000L，1h=3600s

所以 30m^3/h=30×1000/3600=8.333（L/s）

答：相当于8.333L/s。

Je3D4092 某台发电机组额定功率N=300 000kW，求一周内该机组的发电量W为多少千瓦时？

解：
$$t=24\times7=168\text{（h）}$$
$$W=Nt=300\,000\times168=50\,400\,000\text{（kW·h）}$$

答：一周内该机组的发电量W为50 400 000kW·h。

Je2D2093 某风闸"O"形密封圈直径为$\phi10$，密封槽深h_1为8mm，"O"形密封圈的压缩量取6%，试求活塞与缺壁间的平均间隙h_2。

解："O"形密封圈压缩量的表达式为
$$W=(d-h)\times100\%/d$$

则
$$(10-h)\times100\%/10=6\%$$
$$h=10-10\times6\%=9.4\text{（mm）}$$
$$h_2=h-h_1$$
$$=9.4-8$$

$=1.4$（mm）

答：活塞与缸壁间的平均间隙 h_2 为 1.4mm。

Je2D3094 某台水轮发电机转子轮臂组合螺栓受力部分长度 L=60cm，设计允许用应力［σ］=1200kg/cm^2，计算螺栓的伸长值（已知：$E=2.1\times10^6$kg/cm^2）。

解： $\Delta L/L=[\sigma]/E$

则 $\Delta L=L[\sigma]/E$

$=(1200\times60)/(2.1\times10^6)$

$=0.034$（cm）

答： 螺栓的伸长值为 0.034cm。

Je2D3095 某机组上机架的中心测定值如图 D-15 所示，O 为钢琴线，求上机架偏心值及方向。

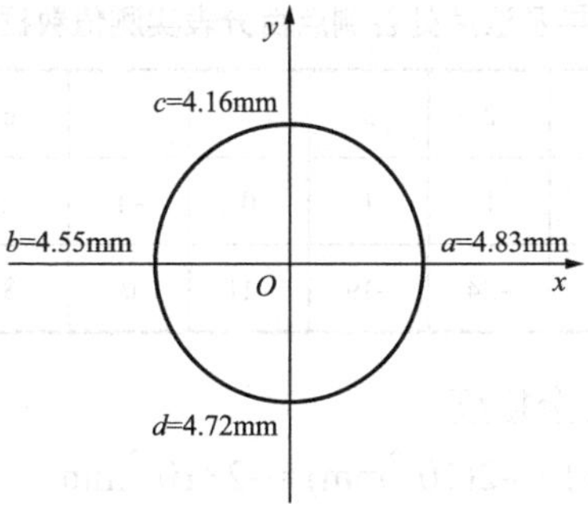

图 D-15

解： $\Delta x=(a-b)/2$

$=(4.83-4.55)/2$

$=0.14$（mm）　　（偏 x 方向）

$\Delta y=(c-d)/2$

$=(4.16-4.72)/2$

$=-0.28$（mm）　　（偏 $-y$ 方向）

则

$$D_GO_s=\sqrt{\Delta x^2+\Delta y^2}$$

$$=\sqrt{0.14^2+(-0.28)^2}$$

$$=0.313\text{（mm）}$$

$$\text{tg}\alpha=\Delta y/\Delta x$$

$$=-0.28/0.14$$

$$=-2$$

所以$\alpha=-63.4°$

答：上机架偏心值为0.313mm，方向为$\alpha=-63.4°$。

Je2D4096 某台发电机单独盘车时，测得上导及法兰处的数值如表D-3所示，计算全摆度和净摆度，并找出法兰最大倾斜点。

表D-3 上导及法兰处各测点百分表实测值数据表 10^{-2}mm

测点编号	1	2	3	4	5	6	7	8
上导表测值	1	1	1	0	−1	−2	−1	0
法兰表测值	−12	−24	−19	−11	0	8	−1	−7

解：上导处全摆度

$\phi_{a5-1}=(-1)-1=-2(10^{-2}\text{mm})=-2\times10^{-2}\text{mm}$

$\phi_{a6-2}=(-2)-1=-3(10^{-2}\text{mm})=-3\times10^{-2}\text{mm}$

$\phi_{a7-3}=(-1)-1=-2(10^{-2}\text{mm})=-2\times10^{-2}\text{mm}$

$\phi_{a8-4}=0-0=0$（mm）

法兰处全摆度

$\phi_{b5-1}=0-(-12)=12(10^{-2}\text{mm})=12\times10^{-2}\text{mm}$

$\phi_{b6-2}=8-(-24)=32(10^{-2}\text{mm})=32\times10^{-2}\text{mm}$

$\phi_{b7-3}=(-1)-(-19)=18(10^{-2}\text{mm})=18\times10^{-2}\text{mm}$

$\phi_{b8-4}=(-7)-(-11)=4(10^{-2}\text{mm})=4\times10^{-2}\text{mm}$

法兰处净摆度

$\phi_{5\text{-}1}=\phi_{b5\text{-}1}-\phi_{a5\text{-}1}=12-(-2)=14(10^{-2}mm)=14\times10^{-2}mm$

$\phi_{6\text{-}2}=\phi_{b6\text{-}2}-\phi_{a6\text{-}2}=32-(-3)=35(10^{-2}mm)=35\times10^{-2}mm$

$\phi_{7\text{-}3}=\phi_{b7\text{-}3}-\phi_{a7\text{-}3}=18-(-2)=20(10^{-2}mm)=20\times10^{-2}mm$

$\phi_{8\text{-}4}=\phi_{b8\text{-}4}-\phi_{a8\text{-}4}=4-0=4(10^{-2}mm)=4\times10^{-2}mm$

由此可见，法兰最大倾斜点在“6”，其值为

$$j=\phi_{6\text{-}2}/2=35/2=17.5(10^{-2}mm)=17.5\times10^{-2}mm$$

答：法兰最大倾斜点在“6”，其值为 17.5×10^{-2}mm。

Je2D5097 某转子的质量为1600kg，工作转速为2400r/min，如果重心偏差0.15mm，则工作时将会产生多大的离心力？

解：根据公式 $P=m\omega^2R$

$$=mR(\pi n/30)^2$$

$$=1600\times0.15\times0.001\times(3.14\times2400/30)^2$$

$$=15\,144.35\text{（kg）}$$

答：工作时将会产生 15 144.35kg 的离心力。

Je1D3098 有一水轮发电机组，水轮机最高水头为87m，发电机出力为 100MW，发电机转动部分质量为 505t，水轮机转动部分质量为 20.5t，水轮机转轮名义直径为 4.1m，计算推力轴承的总负荷（已知：水推力系数取 0.11）。

解：已知：K=0.11，D_1=4.1m，H_{max}=87m，G_F=505t，G_2=20.5t，则

$$P_{oc}=K(\pi D_1^2)/4H_{max}$$

$$=0.11\times(3.14\times4.1^2)/4\times87$$

$$=126.28\text{（t）}$$

则推力轴承的总负荷为

$$T=G_F+G_2+P_{oc}$$

$$=505+20.5+126.28$$

$$=651.8\text{（t）}$$

答：推力轴承的总负荷为651.8t。

Je1D4099 如表D-4所示为某施工测量轴的径向跳动（轴分8点），试求最大晃动值。

表D-4 某施工测量轴的径向跳动值 mm

位置	1	2	3	4	5	6	7	8
表值	0.50	0.52	0.53	0.52	0.49	0.50	0.50	0.51

解：根据径向跳动记录列出晃动值，如表D-5所示。

表D-5 轴的晃动值 mm

位置标号	表差值	晃动值
1～5	0.50～0.49	0.01
2～6	0.52～0.50	0.02
3～7	0.53～0.50	0.03
4～8	0.52～0.51	0.01

由表D-5可见最大晃动值为0.03mm。

答：最大晃动值为0.03mm；位置在3～7号轴位处。

Je1D4100 某转子质量为m=1200kg，转速n为750r/min，配重半径R为0.6m，找剩余不平衡量的试加重数值如表D-6所示，试计算剩余不平衡量是否在允许范围内。

表D-6 剩余不平衡量的试加重数值表 g

序号	1	2	3	4	5	6	7	8
配重P	900	960	900	860	820	760	820	860

解：剩余不平衡量等于8个试加重中的最大值和最小值之差的一半，即

$$q=(P_{max}-P_{min})/2=(960-760)/2=100\text{（g）}$$

允许的最大剩余不平衡量所产生的离心力为

$$P=mg\times5\%=1200\times9.8\times5\%=588\text{（N）}$$

允许的最大剩余不平衡量为

$$Q=P/(\omega^2R)=588/[(750\pi/30)^2\times0.6]$$
$$=155\text{（g）}$$

则 100g＜155g，即剩余不平衡量在允许范围内。

答：剩余不平衡量在允许范围内。

4.1.5 绘图题

La5E1001 绘出一个正四棱柱的二视图。

答：二视图如图 E-1 所示。

La5E1002 绘出一个正六棱柱的二视图。

答：二视图如图 E-2 所示。

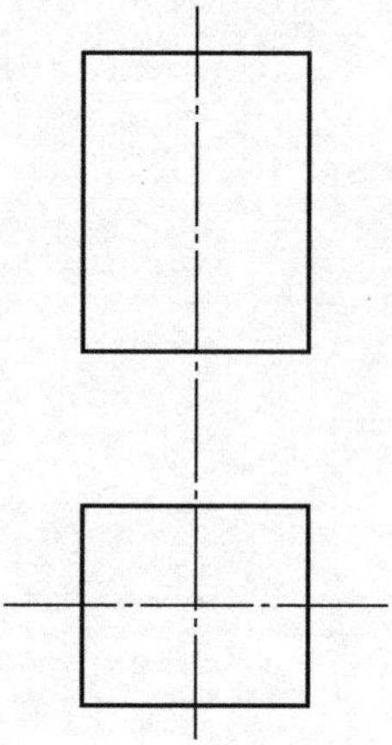

图 E-1

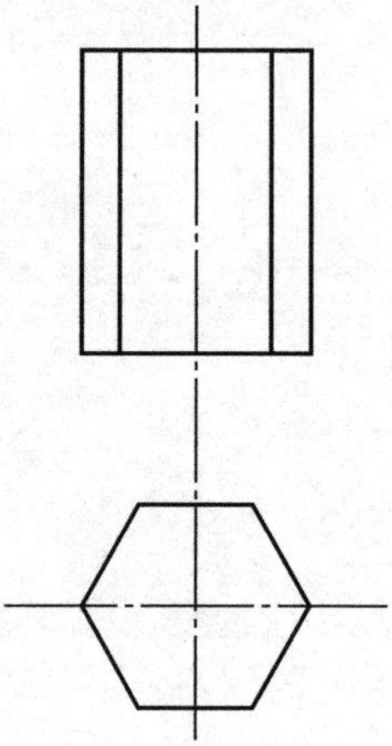

图 E-2

La5E2003 绘出一个正六棱柱的二视图并标注尺寸。

答：二视图及尺寸如图 E-3 所示。

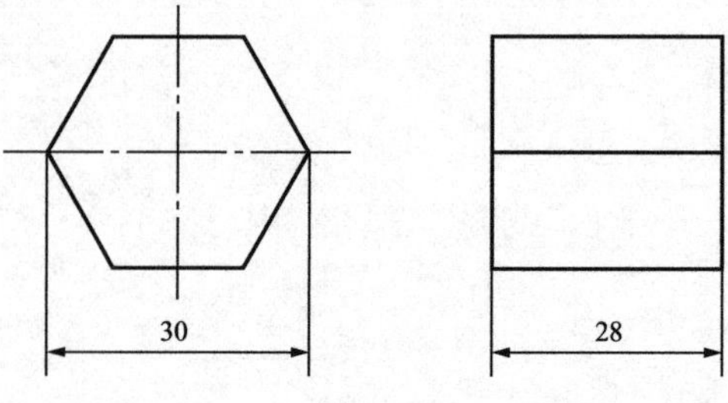

图 E-3

La5E3004 如图 E-4 所示，圆柱上一点 *A*，在主视图上的投影是 a'，画出 *A* 在左俯视图上的投影。

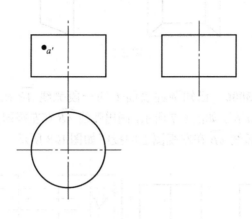

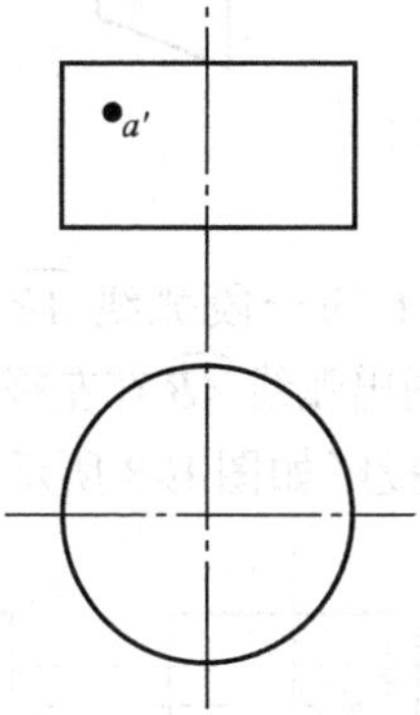

图 E-4

答： *A* 在左俯视图上的投影如图 E-5 所示。

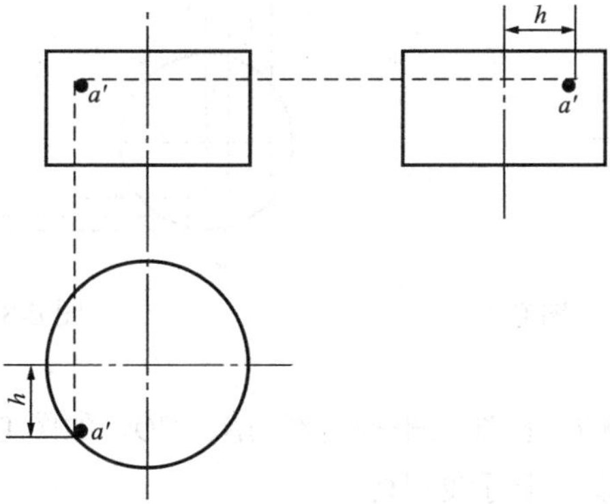

图 E-5

La5E3005 画出一个正四棱台的二视图。

答： 二视图如图 E-6 所示。

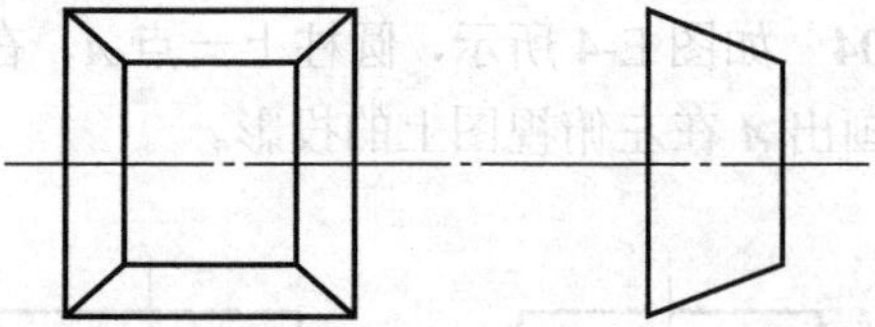

图 E-6

La4E3006 已知圆柱表面上的一段弧线 $\overset{\frown}{AB}$ 在主视图上的投影是 $a'b'$，如图 E-7 所示，画出弧线 $\overset{\frown}{AB}$ 在左视图上的投影。

答： 弧线 $\overset{\frown}{AB}$ 在左视图上的投影如图 E-8 所示。

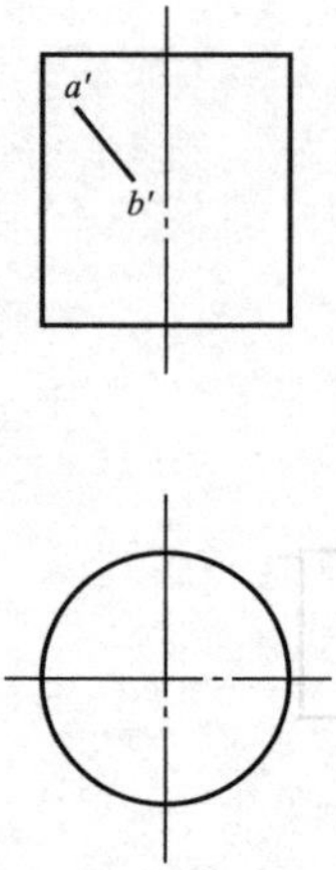

图 E-7

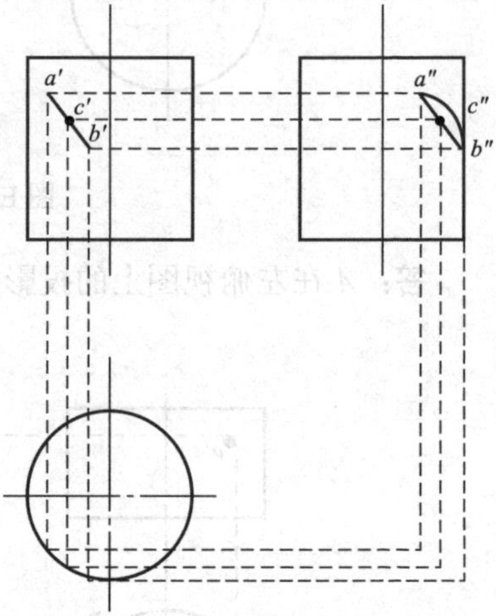

图 E-8

La3E3007 已知二平行直线 AB、CD，如图 E-9 所示，求作连接弧与该二平行线相切。

答： 连接弧如图 E-10 所示。

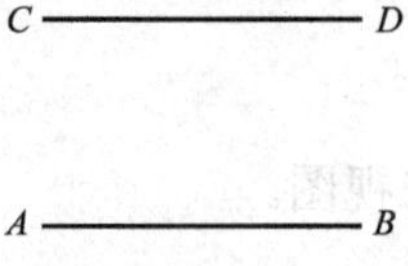

图 E-9

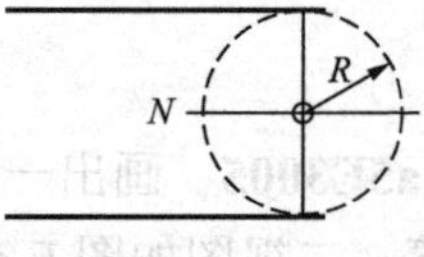

图 E-10

La2E3008 根据主俯视图（见图 E-11），画出左视图。
答：左视图如图 E-12 所示。

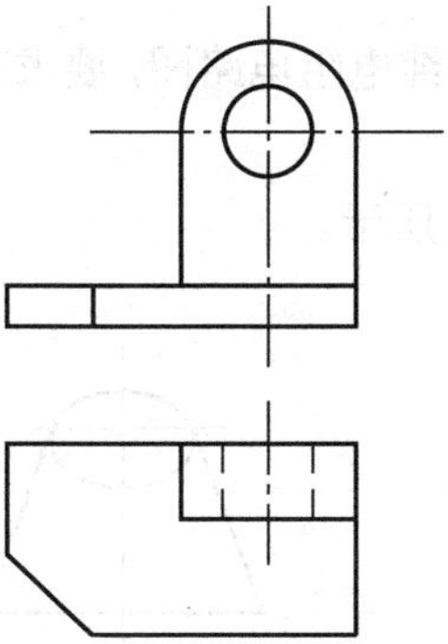

图 E-11

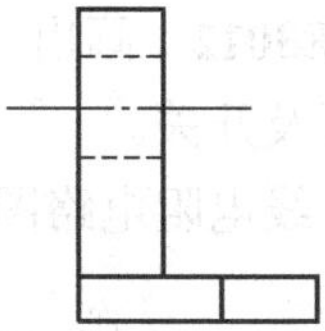

图 E-12

La2E4009 根据主俯视图（见图 E-13），画出左视图。
答：左视图如图 E-14 所示。

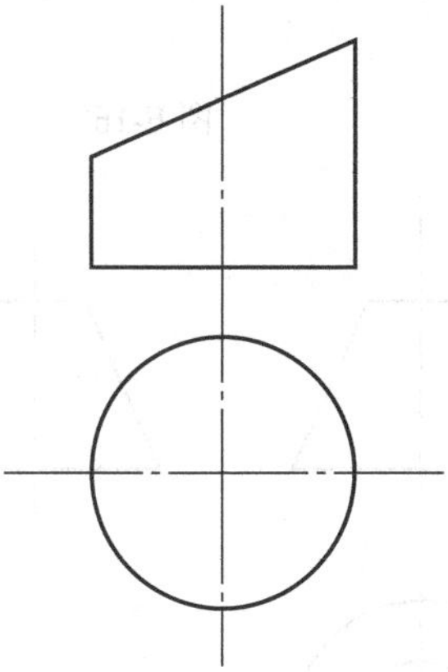

图 E-13

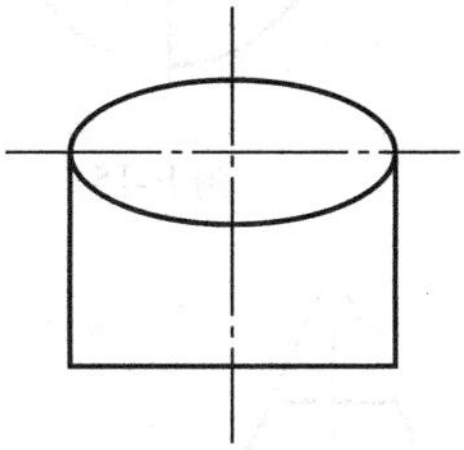

图 E-14

La1E3010 根据主俯视图（见图 E-15），画出左视图。
答：左视图如图 E-16 所示。

La1E3011　如图 E-17 所示，补全其三视图。

答：三视图如图 E-18 所示。

Lc5E3012　画出一个简单的纯电阻电路图，要求有直流电源、电灯及开关。

答：线电阻电路图如图 E-19 所示。

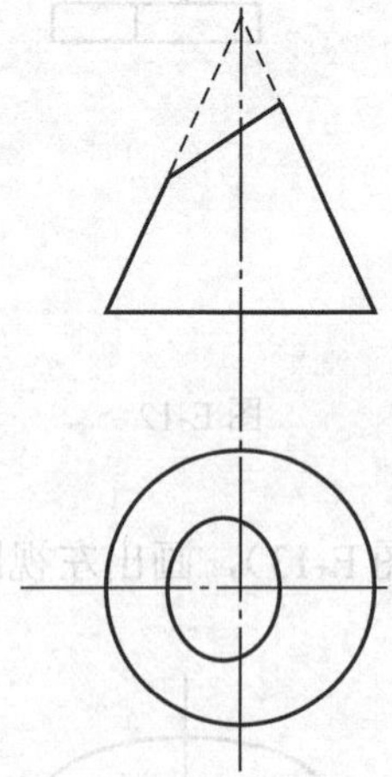

图 E-15

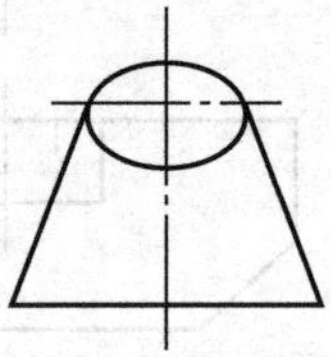

图 E-16

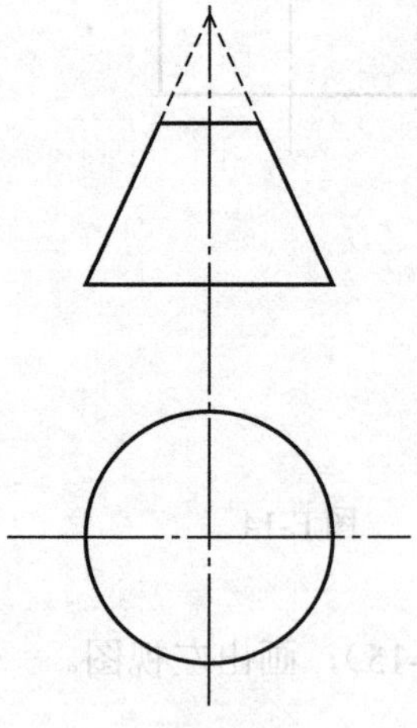

图 E-17

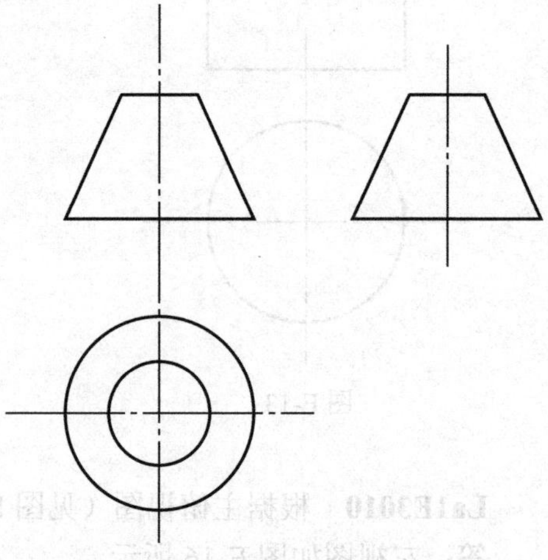

图 E-18

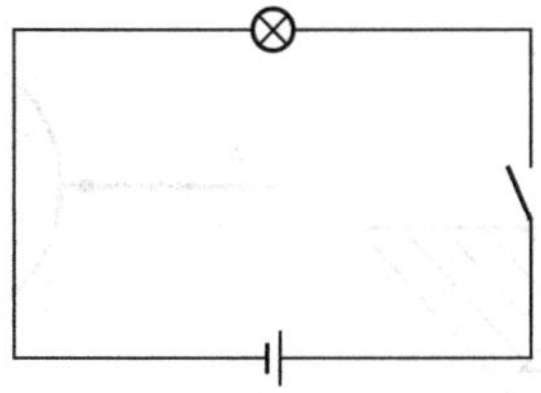

图 E-19

Lb5E3013 画出图 E-20 的受力图。

答：受力图如图 E-21 所示。

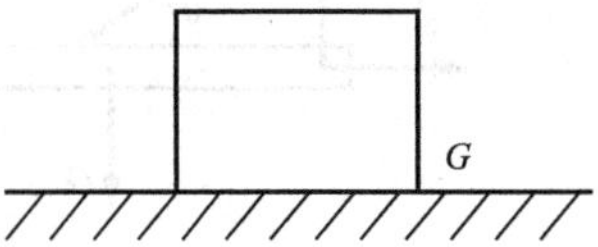

图 E-20

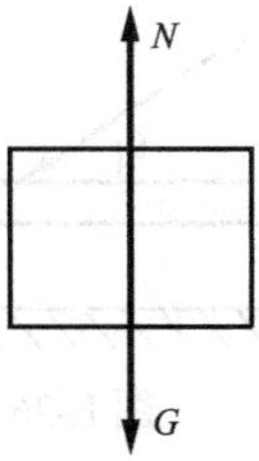

图 E-21

Lb5E3014 画出图 E-22 的受力图。

答：受力图如图 E-23 所示。

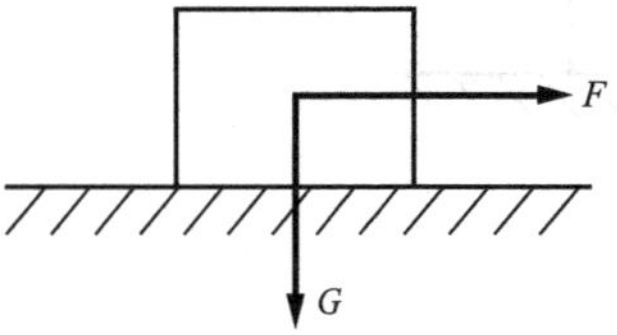

图 E-22

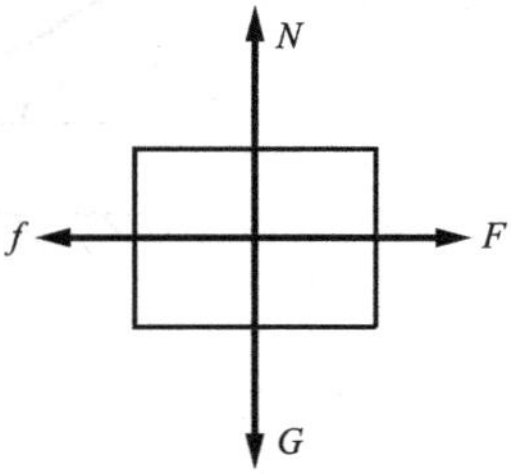

图 E-23

Lb4E3015 画出图 E-24 的受力图。

答：受力图如图 E-25 所示。

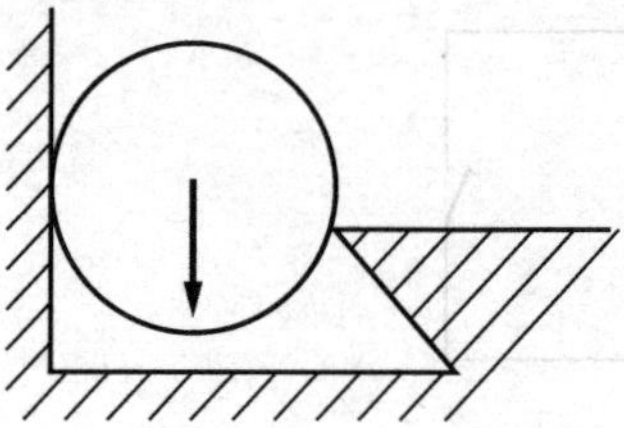

图 E-24

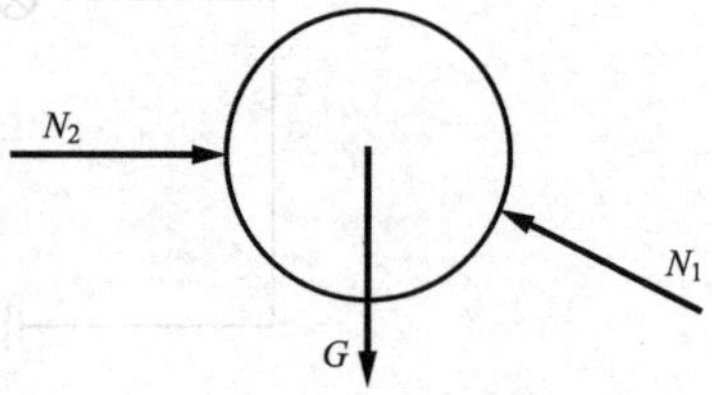

图 E-25

Lb3E3016　画出图 E-26 的受力图。

答：受力图如图 E-27 所示。

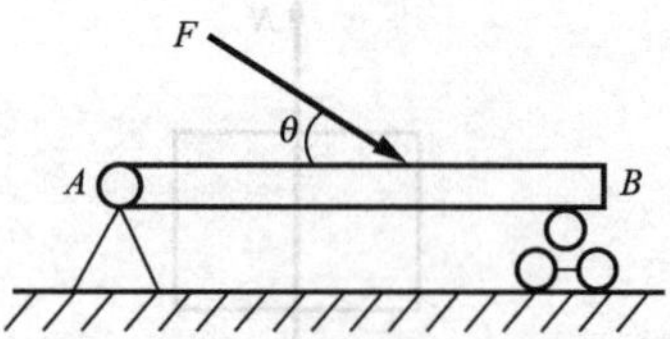

图 E-26

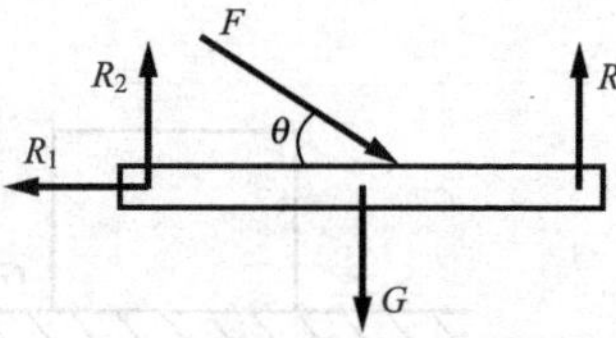

图 E-27

Lb3E3017　一物体重 G，给其施加与水平方向成 30° 的推力 F，如图 E-28 所示，画出受力图。

答：受力图如图 E-28 所示。

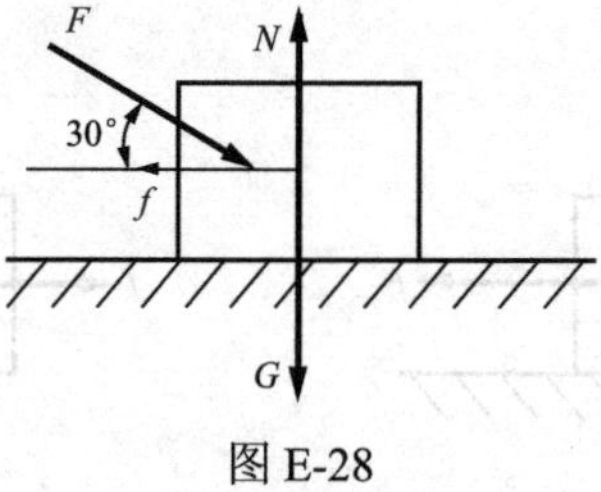

图 E-28

Jd5E3018　图 E-29 的圆锥切去虚线部分，请补全其三视图。

答：三视图如图 E-30 所示。

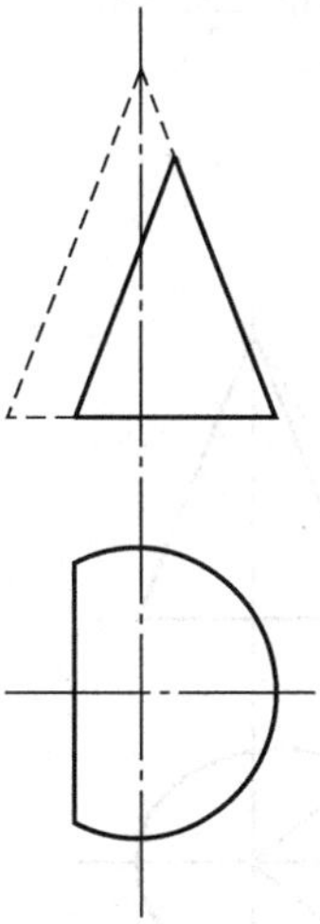

图 E-29

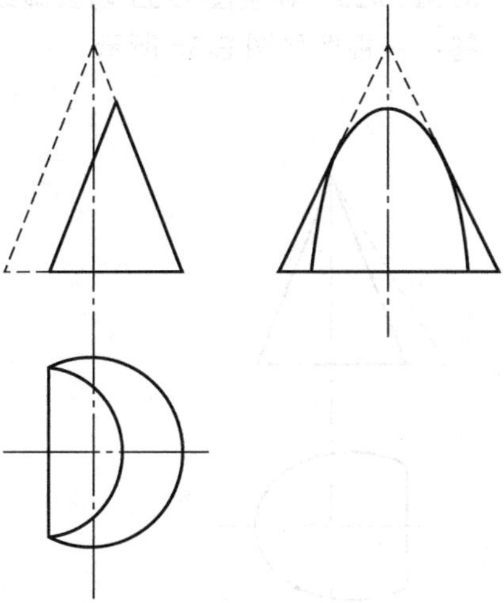

图 E-30

Jd5E3019 补全图 E-31 切去虚线部分后的三视图。

答：三视图如图 E-32 所示。

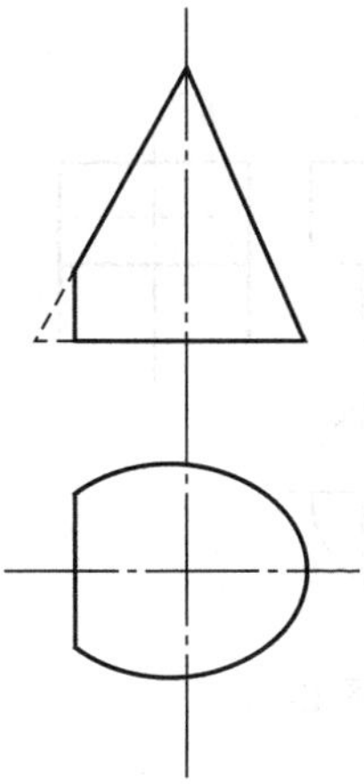

图 E-31

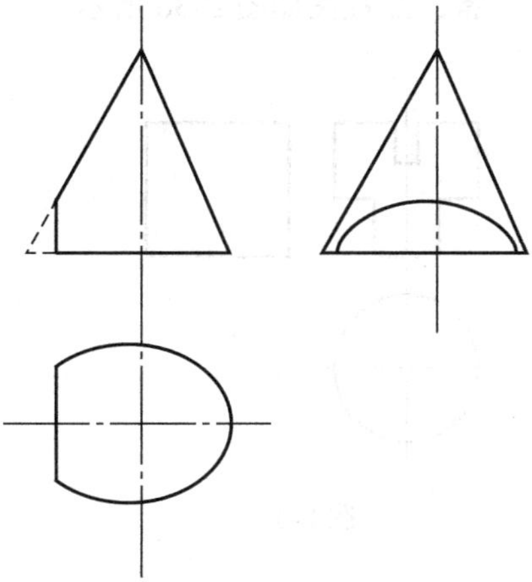

图 E-32

Jd5E3020 补全图 E-33 切去虚线部分后的三视图。

答：三视图如图 E-34 所示。

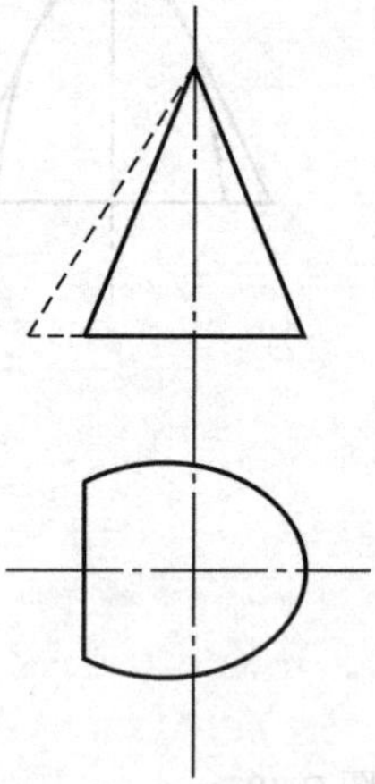

图 E-33

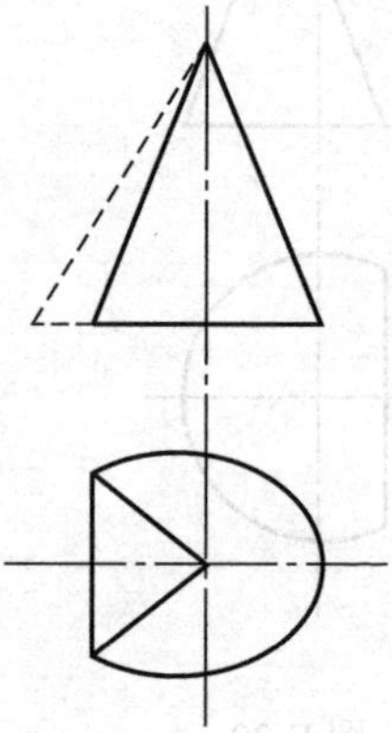

图 E-34

Jd5E4021 补全图 E-35 的三视图。

答：三视图如图 E-36 所示。

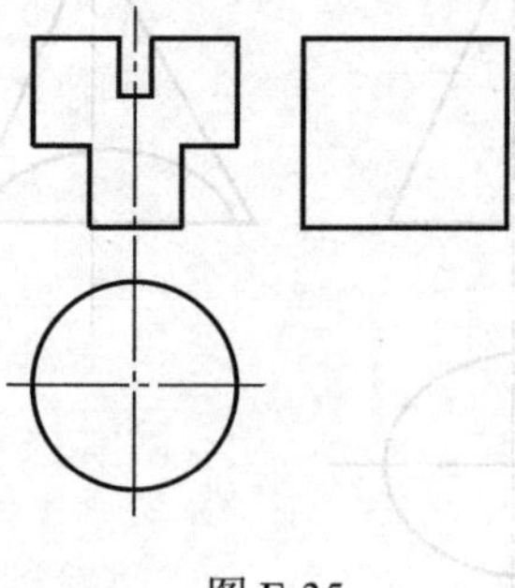

图 E-35

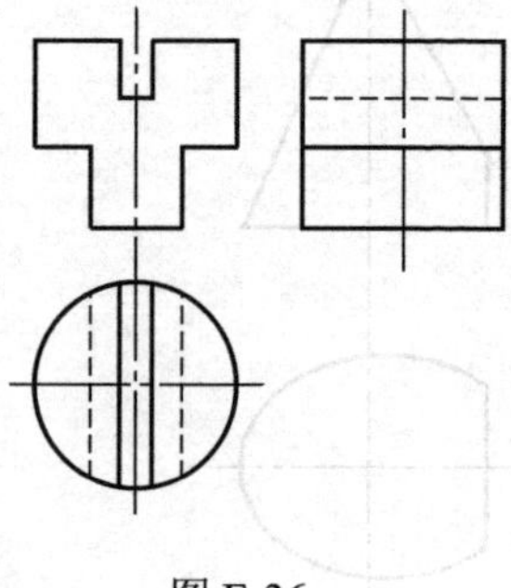

图 E-36

Jd5E5022 补全图 E-37 的三视图。

答：三视图如图 E-38 所示。

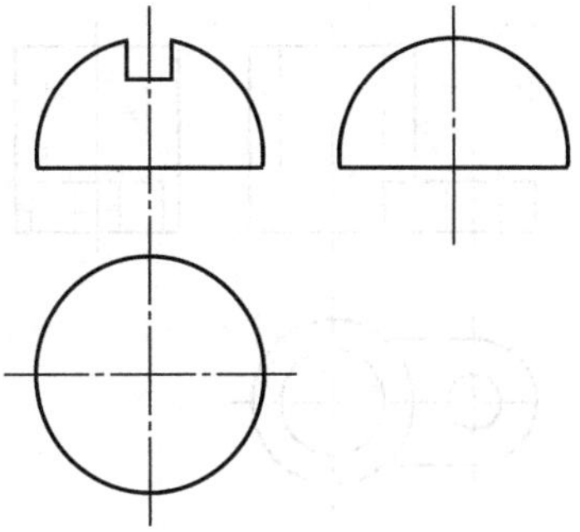

图 E-37

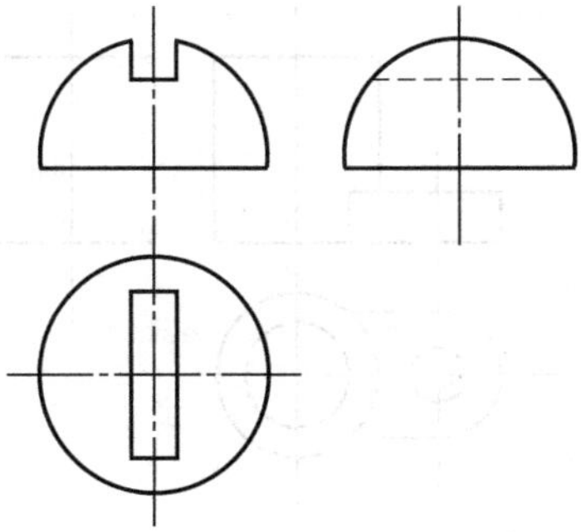

图 E-38

Jd4E2023 补全图 E-39 的三视图。
答：三视图如图 E-40 所示。

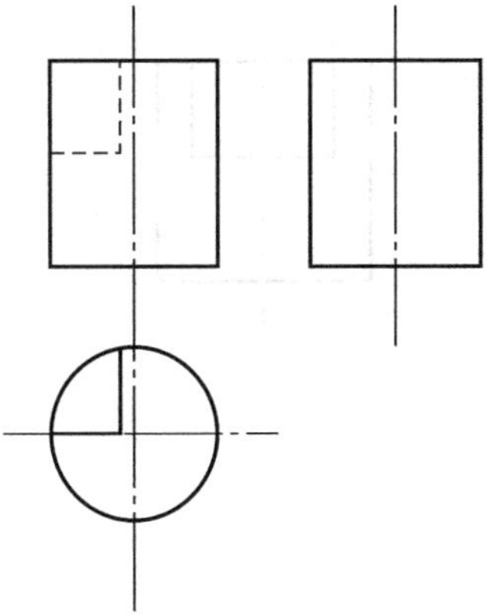

图 E-39

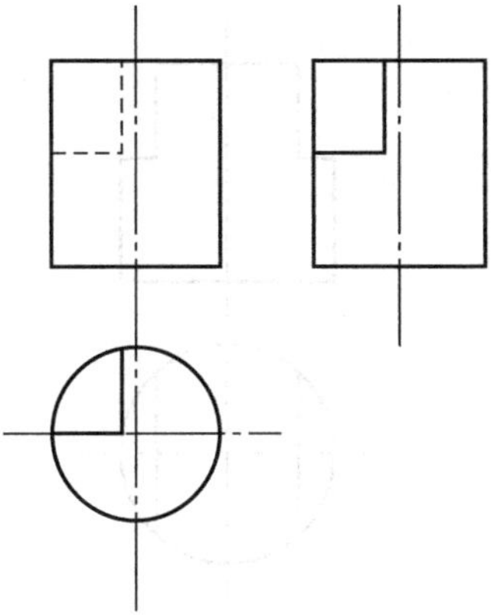

图 E-40

Jd4E2024 补全图 E-41 的三视图。
答：三视图如图 E-42 所示。

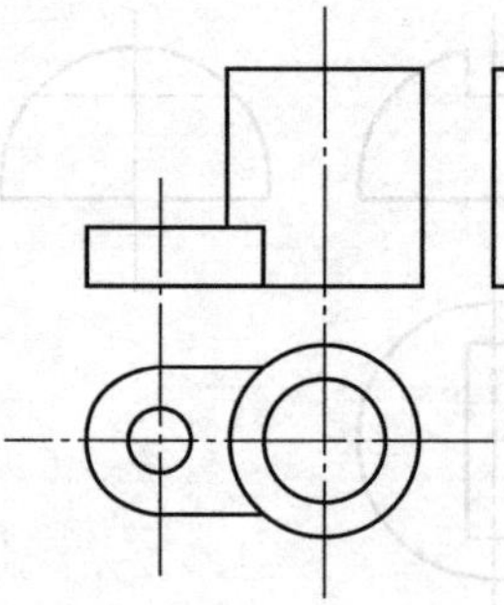

图 E-41

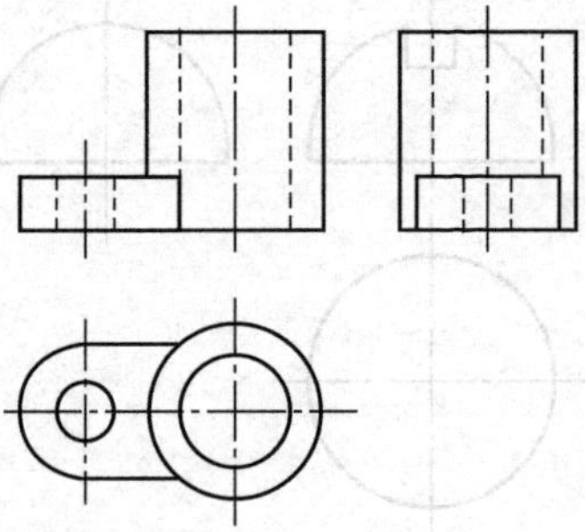

图 E-42

Jd4E2025 补画图 E-43 的左视图。

答：左视图如图 E-44 所示。

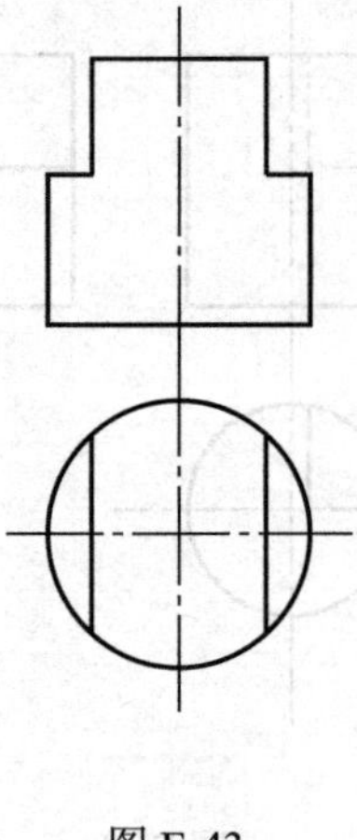

图 E-43

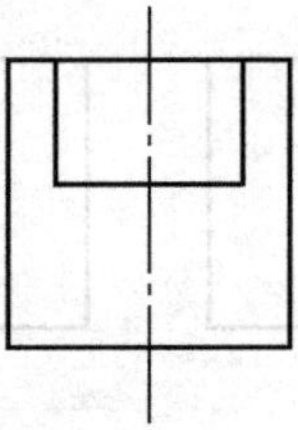

图 E-44

Jd4E3026 补画图 E-45 的左视图。

答：左视图如图 E-46 所示。

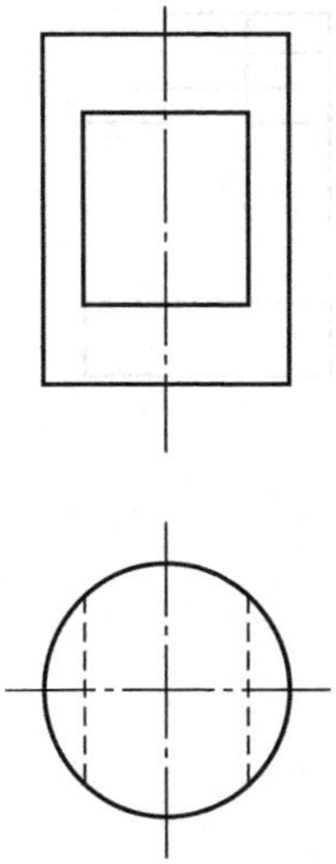

图 E-45

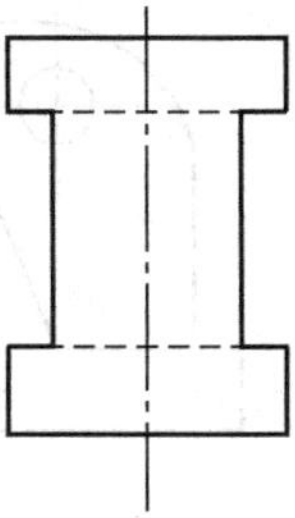

图 E-46

Jd4E3027 补画图 E-47 的左视图。

答：左视图如图 E-48 所示。

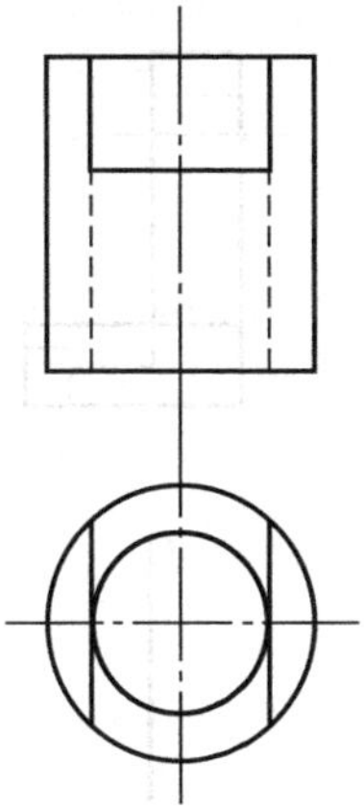

图 E-47

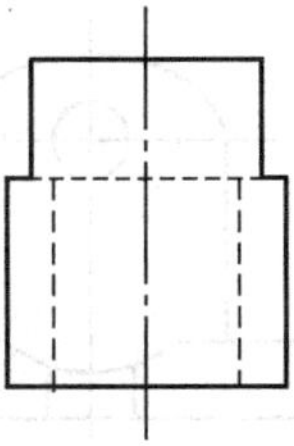

图 E-48

Jd4E3028 补画图 E-49 的俯视图。

答：俯视图如图 E-50 所示。

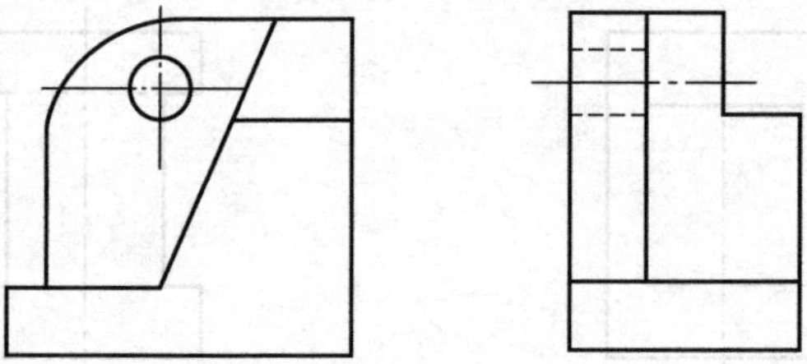

图 E-49

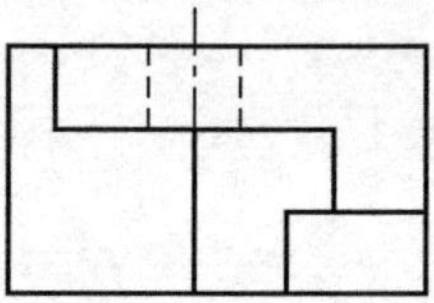

图 E-50

Jd4E4029　补画图 E-51 的左视图。

答：左视图如图 E-52 所示。

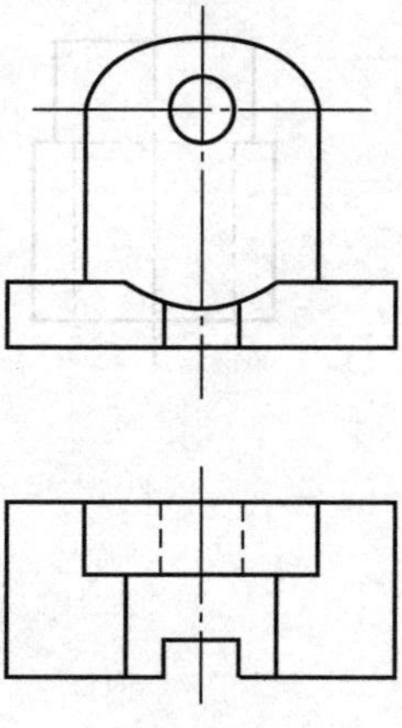

图 E-51

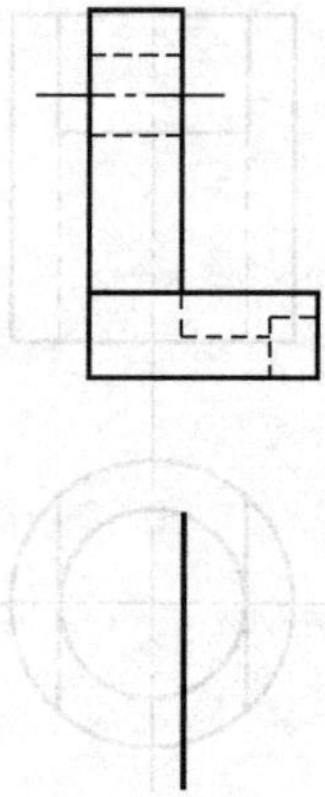

图 E-52

Jd4E4030　画出图 E-53 的相贯线。

答：相贯线如图 E-54 所示。

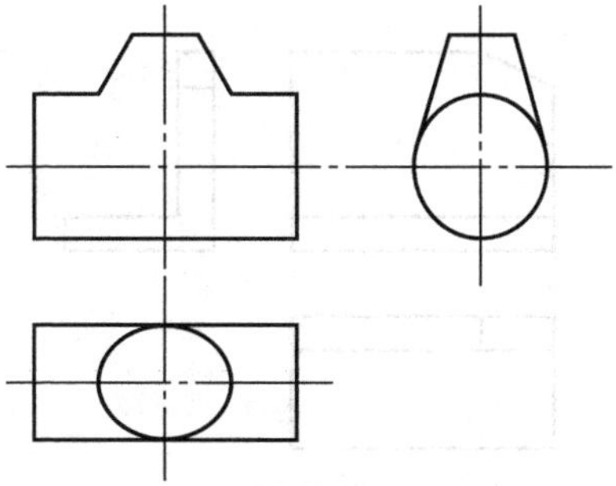

图 E-53

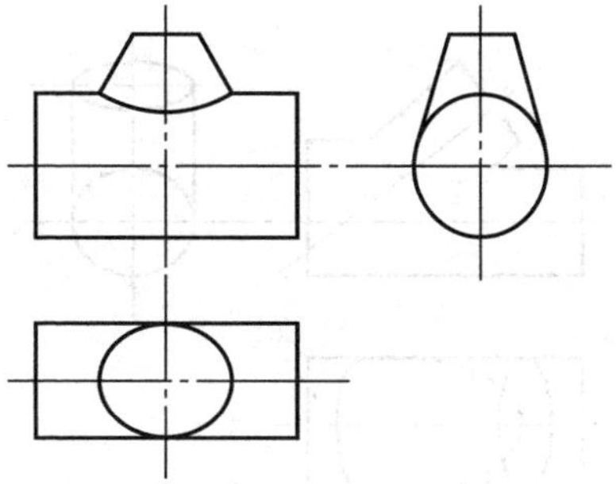

图 E-54

Jd4E4031 补全图 E-55 的三视图。

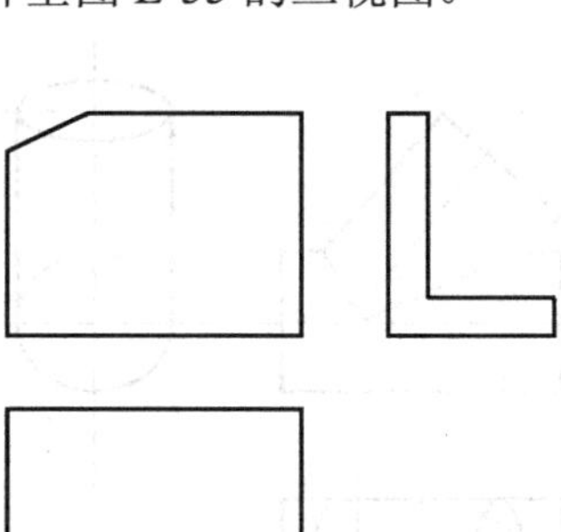

图 E-55

答：三视图如图 E-56 所示。

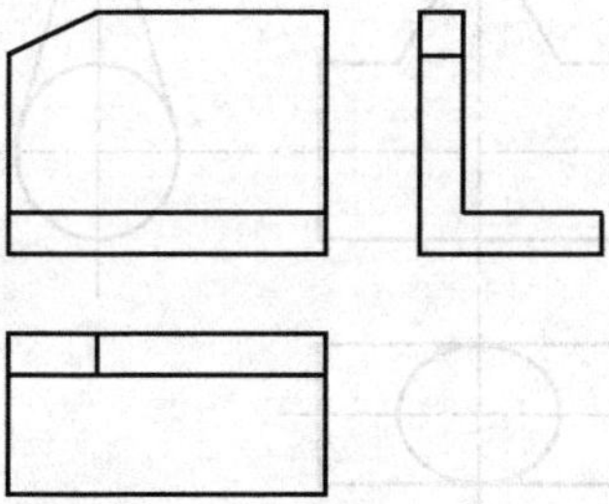

图 E-56

Jd4E5032 画出图 E-57 中的相贯线。

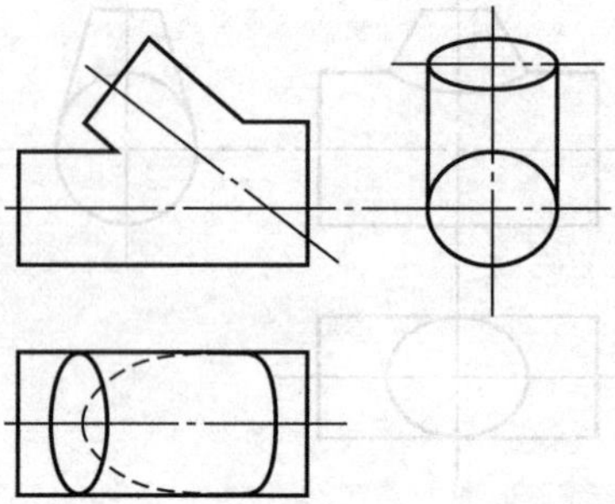

图 E-57

答：相贯线如图 E-58 所示。

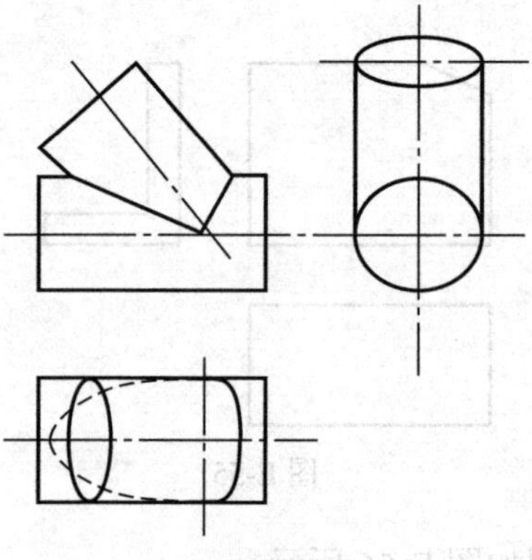

图 E-58

Jd4E5033 画出图 E-59 中的相贯线。

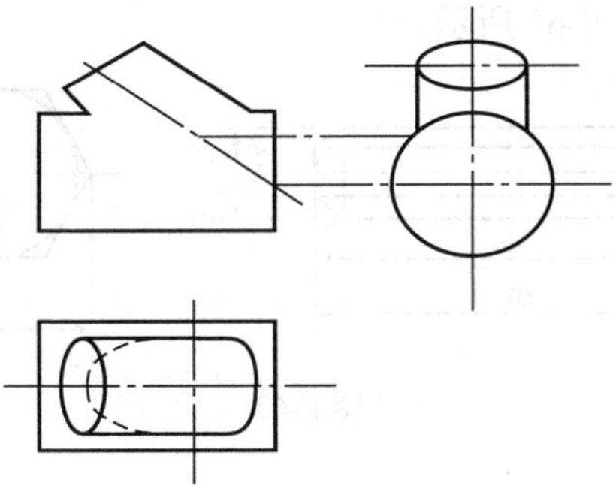

图 E-59

答：相贯线如图 E-60 所示。

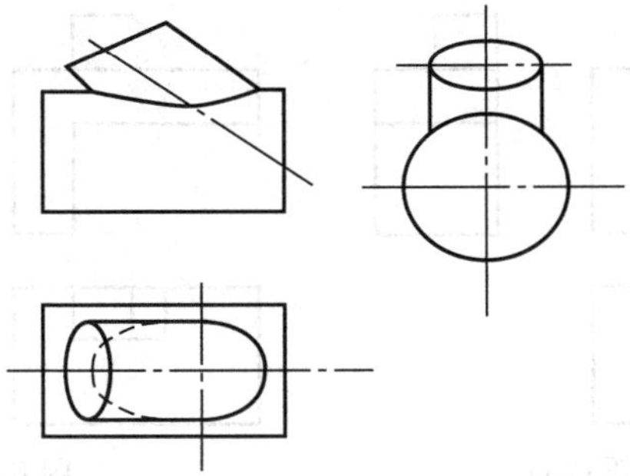

图 E-60

Jd4E5034 根据立体图 E-61 画出三面投影图。

答：三面投影图如图 E-62 所示。

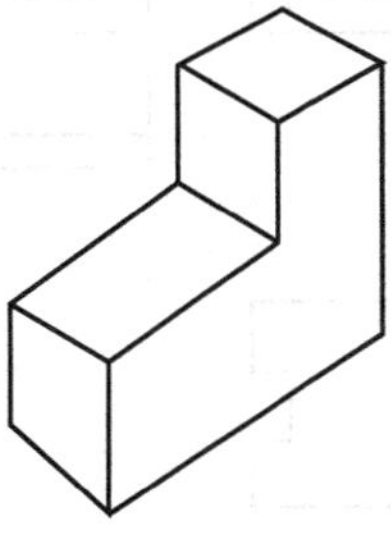

图 E-61

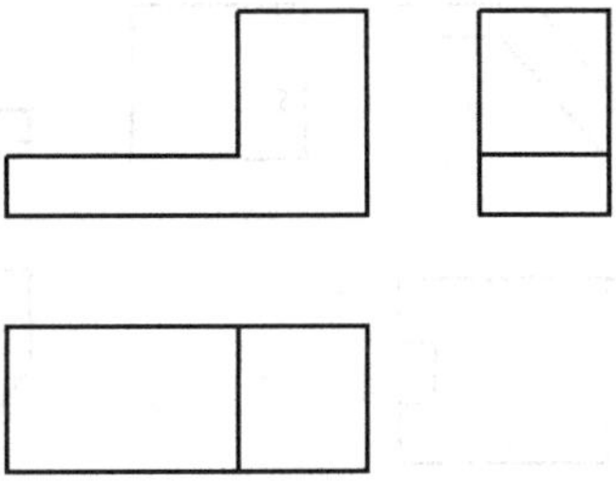

图 E-62

Jd3E1035 将螺栓 M16×60 用规定标记表示。

答：如图 E-63 所示。

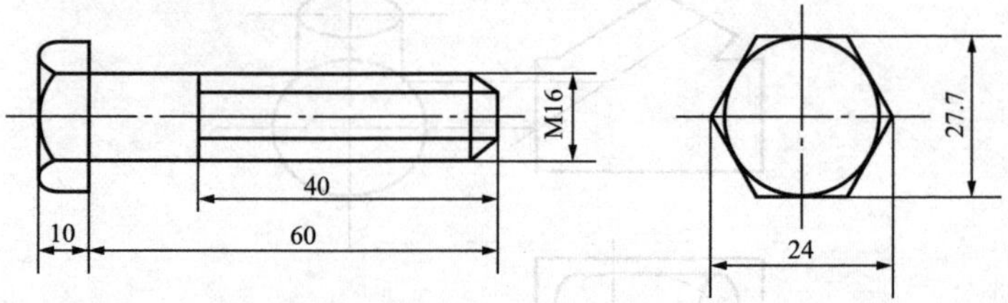

图 E-63

Jd3E2036 补全图 E-64 的三视图。

答：三视图如图 E-65 所示。

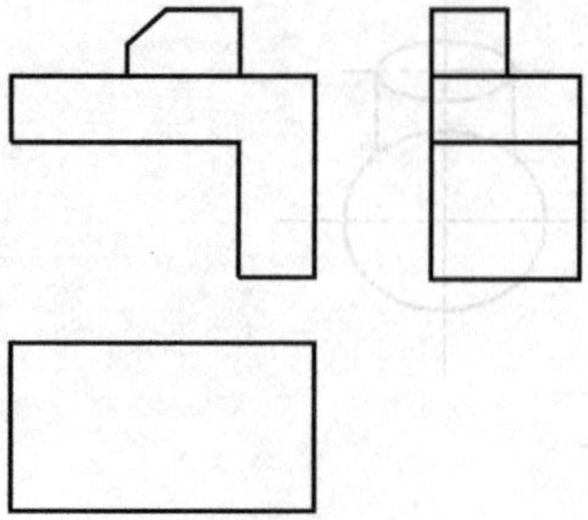

图 E-64

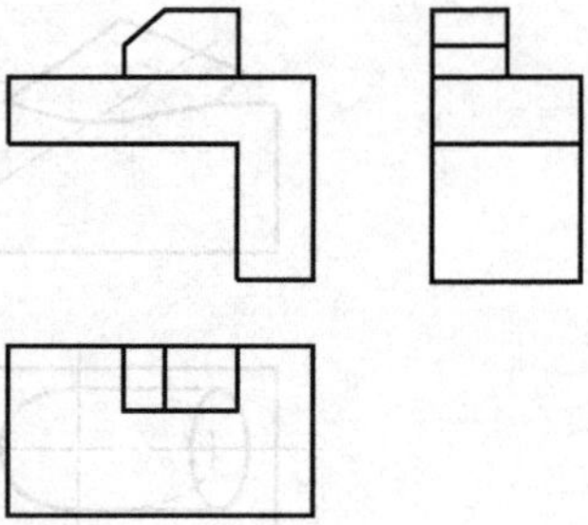

图 E-65

Jd3E2037 补全图 E-66 的三视图。

答：三视图如图 E-67 所示。

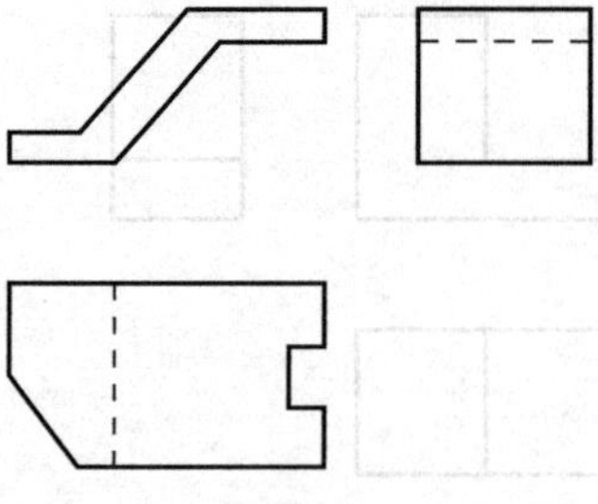

图 E-66

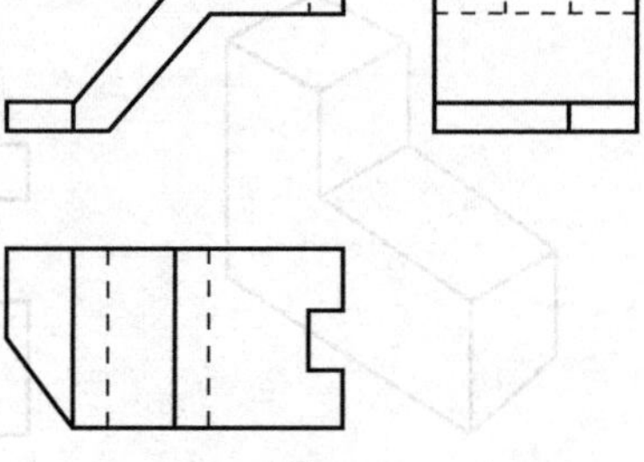

图 E-67

Jd3E3038 补画图 E-68 的俯视图。

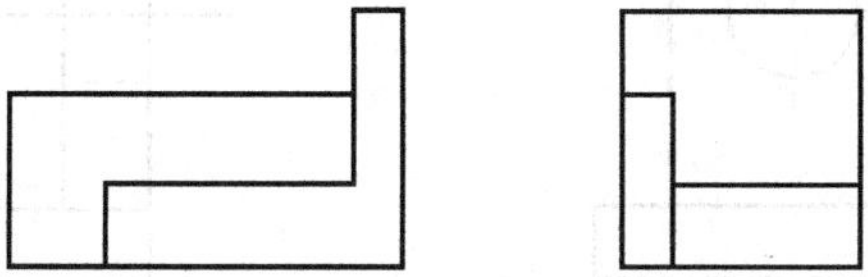

图 E-68

答：俯视图如图 E-69 所示。

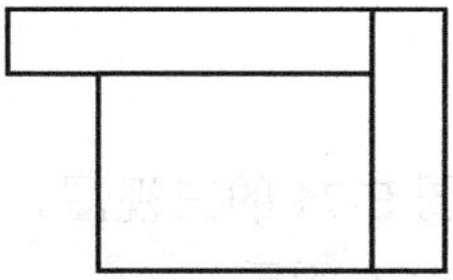

图 E-69

Jd3E3039 补画图 E-70 的左视图。

答：左视图如图 E-71 所示。

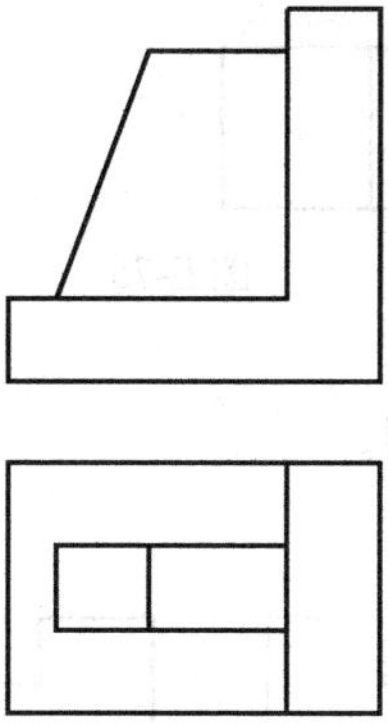

E-70

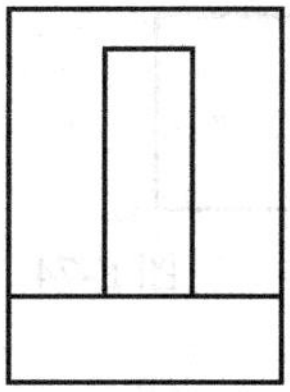

图 E-71

Jd3E3040 补画图 E-72 的左视图。

答：左视图如图 E-73 所示。

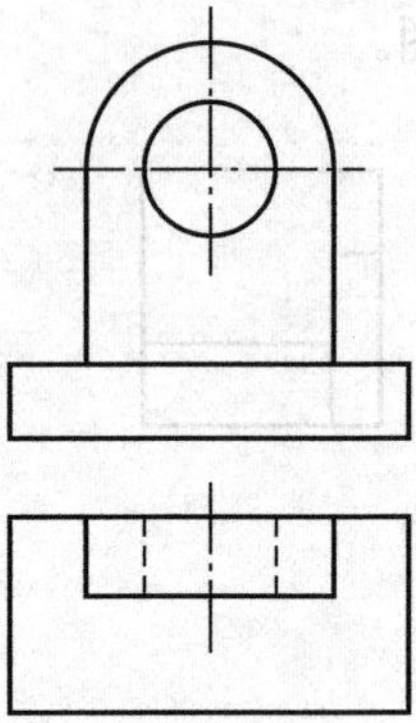

图 E-72

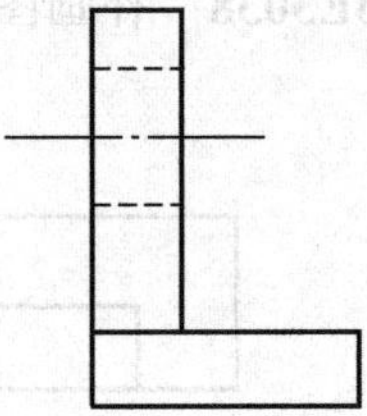

图 E-73

Jd3E3041 补全图 E-74 的三视图。

答：三视图如图 E-75 所示。

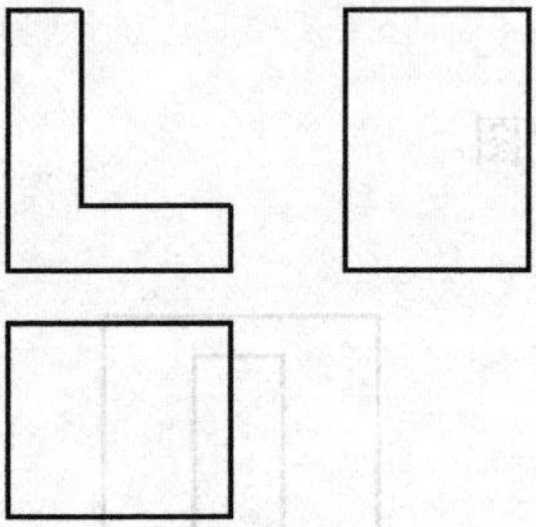

图 E-74

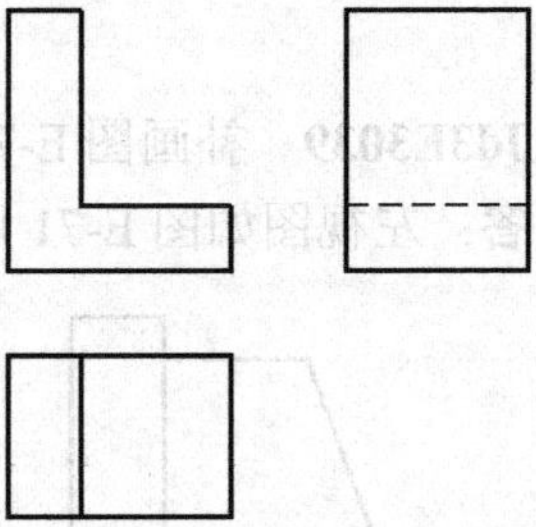

图 E-75

Jd3E3042 补全图 E-76 的三视图。

答：三视图如图 E-77 所示。

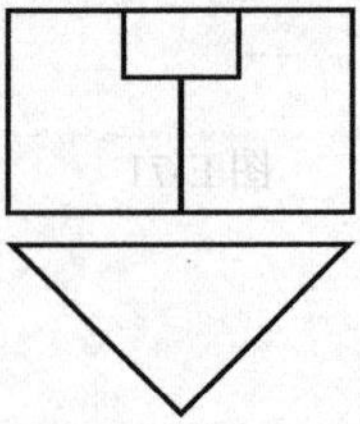

图 E-76

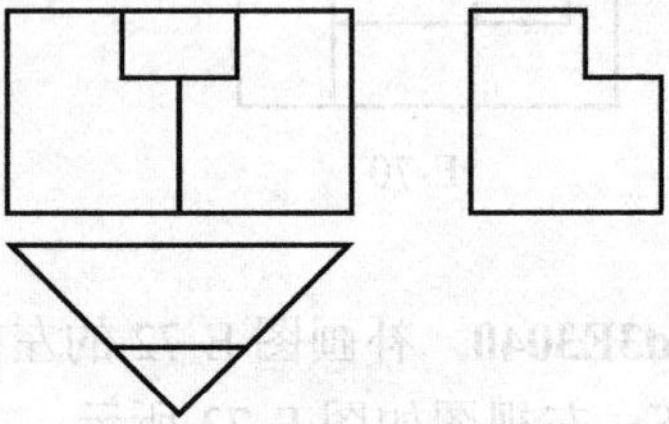

图 E-77

Jd3E4043 补全图 E-78 的三视图。

答：三视图如图 E-79 所示。

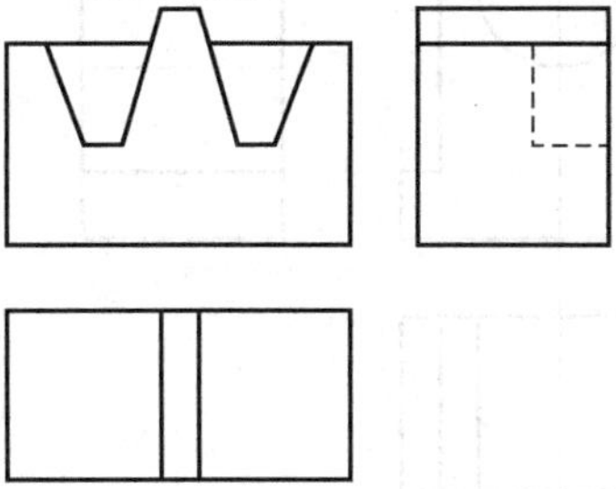

图 E-78

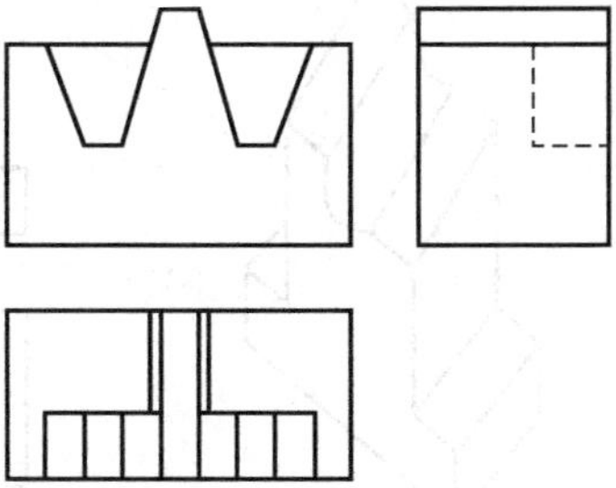

图 E-79

Jd3E4044 根据立体图 E-80，画出三视图。

答：三视图如图 E-81 所示。

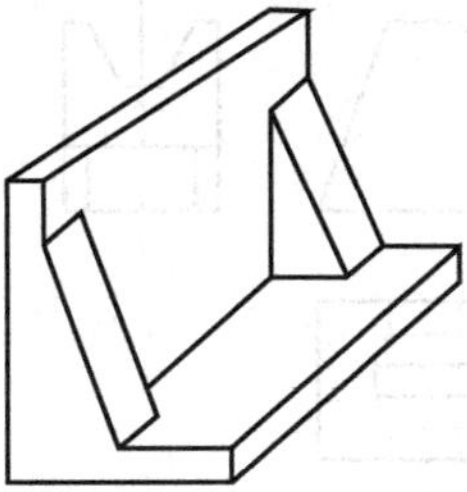

图 E-80

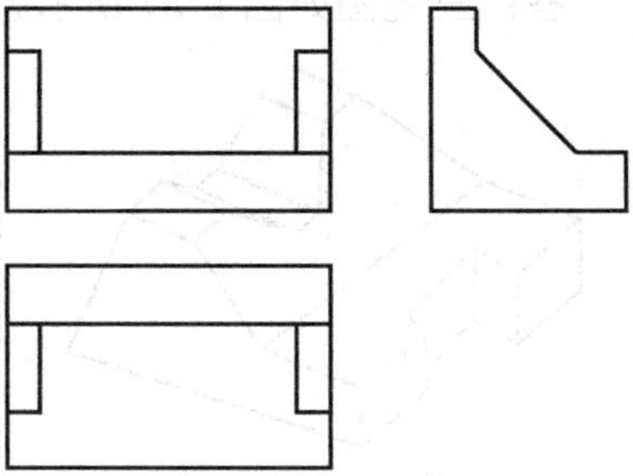

图 E-81

Jd3E4045 根据立体图 E-82，画出三视图。

答：三视图如图 E-83 所示。

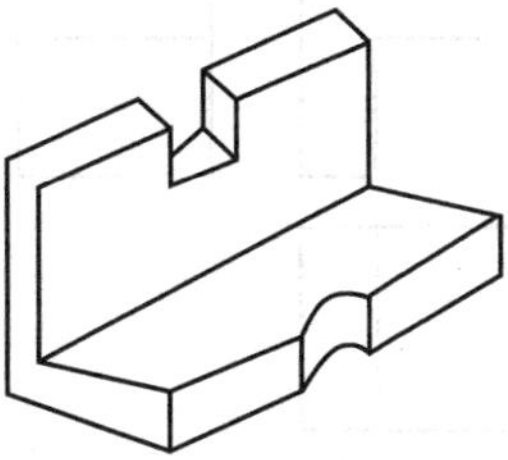

图 E-82

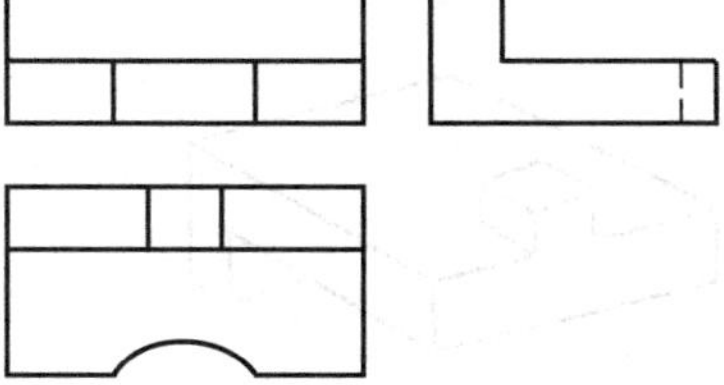

图 E-83

Jd3E5046 根据立体图 E-84，画出三视图。

答：三视图如图 E-85 所示。

图 E-84

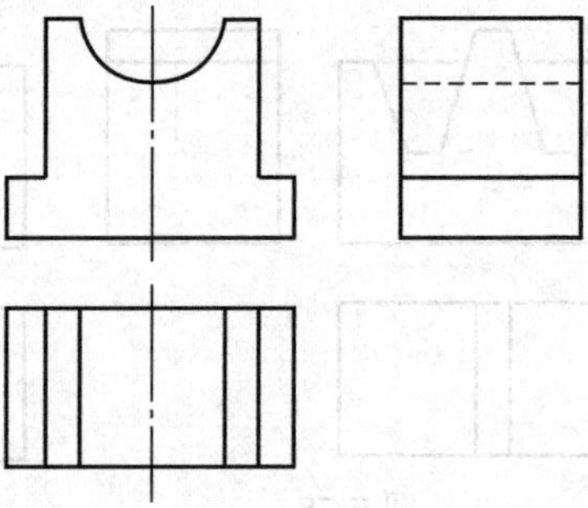

图 E-85

Jd3E5047 根据立体图 E-86，画出三视图。

答：三视图如图 E-87 所示。

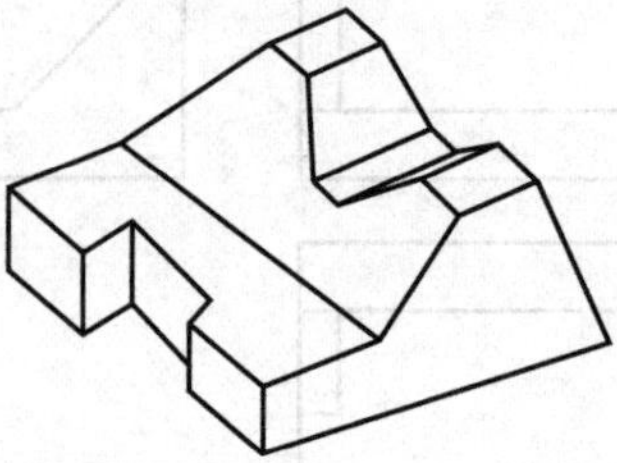

图 E-86

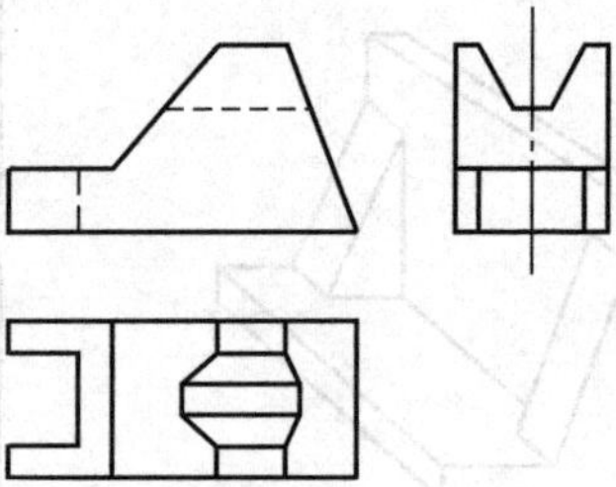

图 E-87

Jd2E2048 根据立体图 E-88，画出三视图。

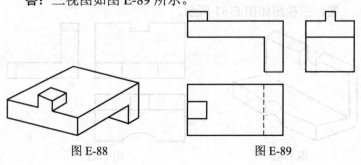

答：三视图如图 E-89 所示。

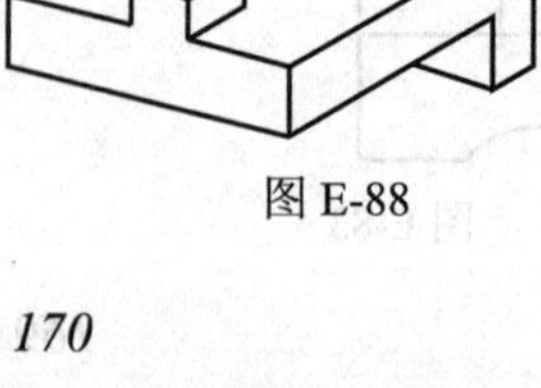

图 E-88

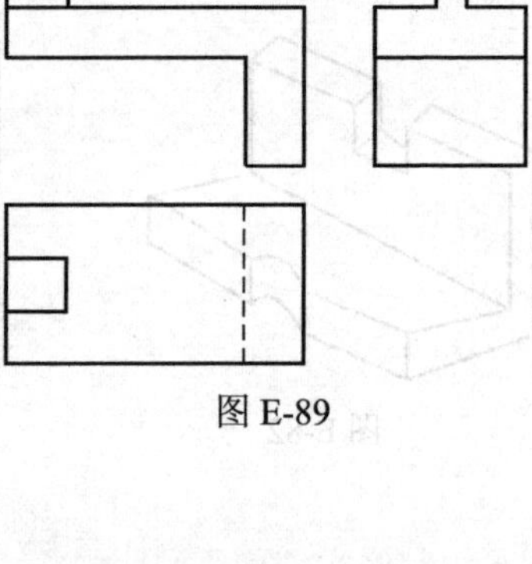

图 E-89

Jd2E2049 根据立体图 E-90，画出三视图。

答：三视图如图 E-91 所示。

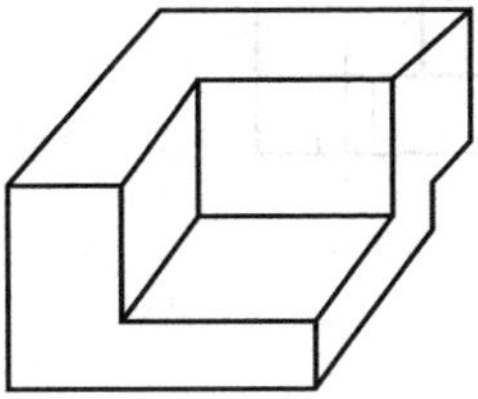

图 E-90

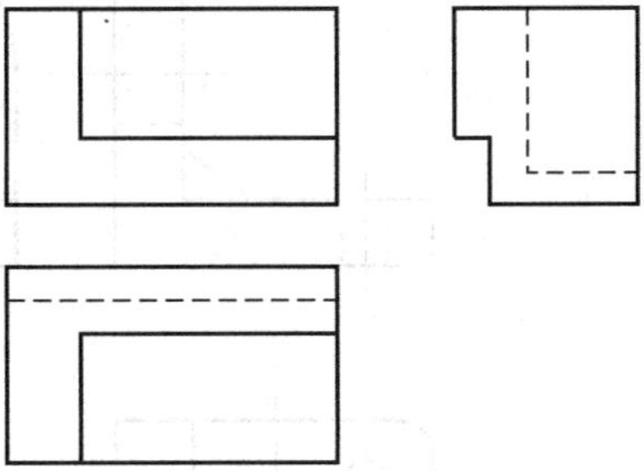

图 E-91

Jd2E2050 根据立体图 E-92，画出三视图。

答：三视图如图 E-93 所示。

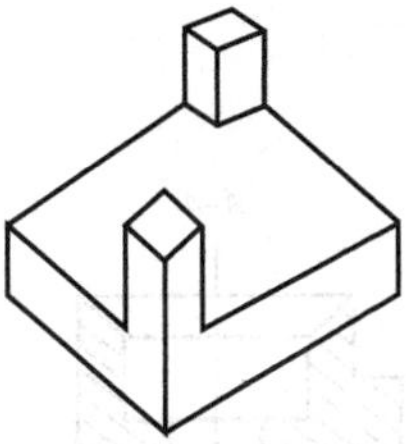

图 E-92

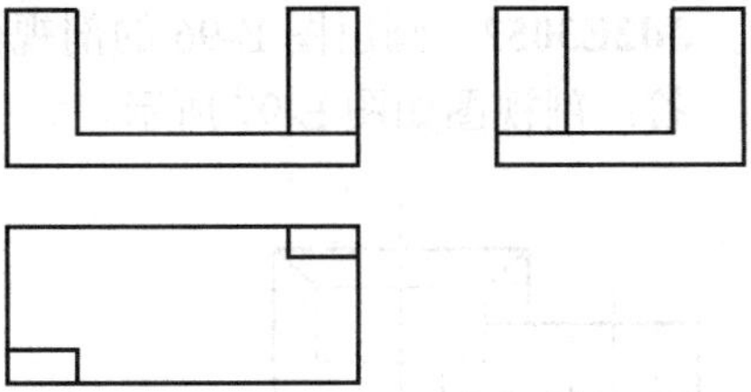

图 E-93

Jd2E3051 根据立体图 E-94，画出三视图。

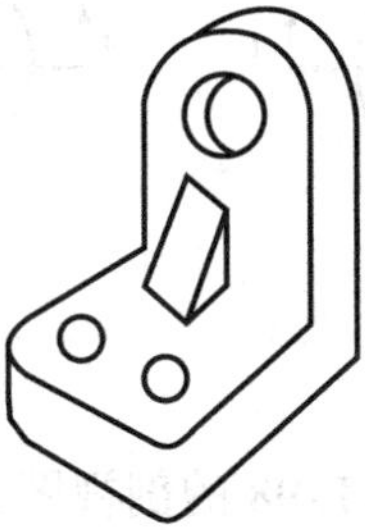

图 E-94

答：三视图如图 E-95 所示。

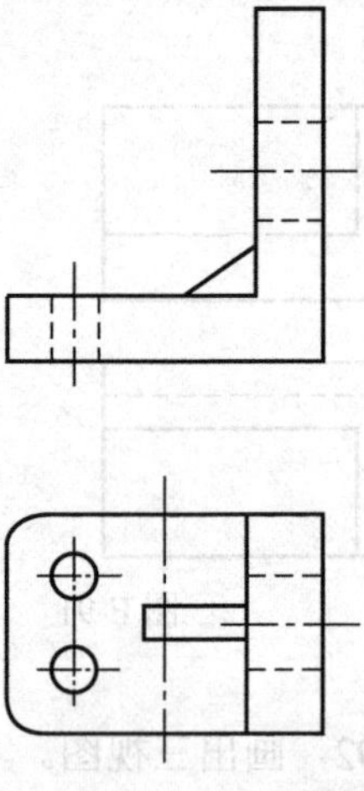

图 E-95

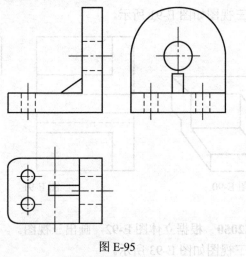

Jd2E3052 画出图 E-96 的剖视图。

答：剖视图如图 E-97 所示。

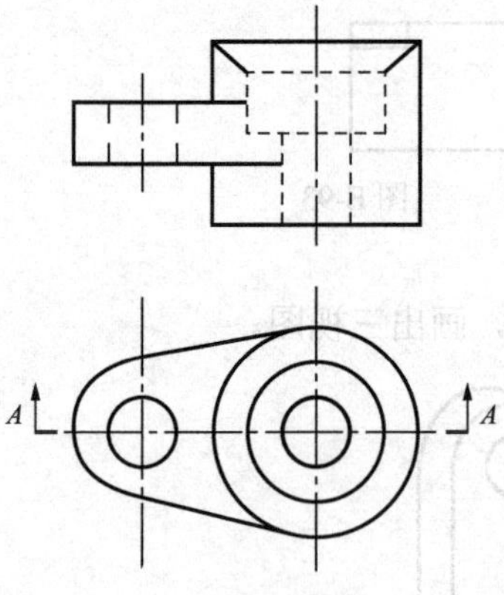

图 E-96

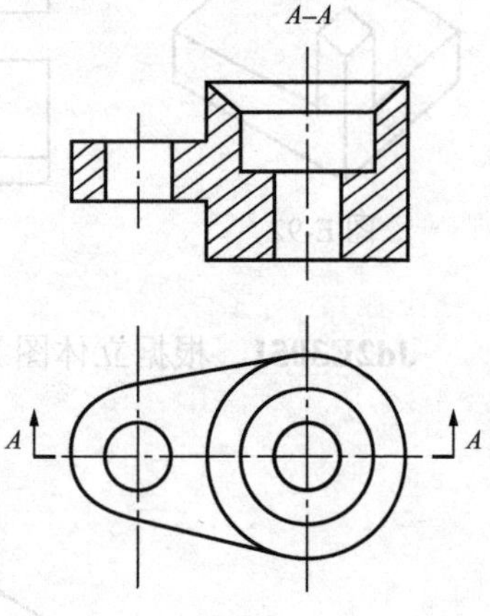

图 E-97

Jd2E3053 画出图 E-98 的剖视图。

答：剖视图如图 E-99 所示。

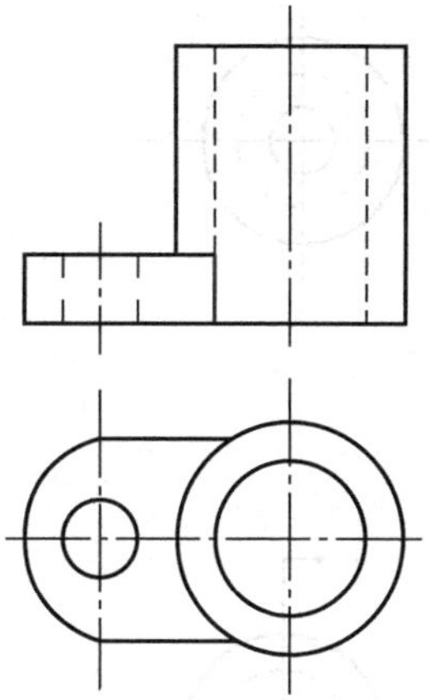

图 E-98

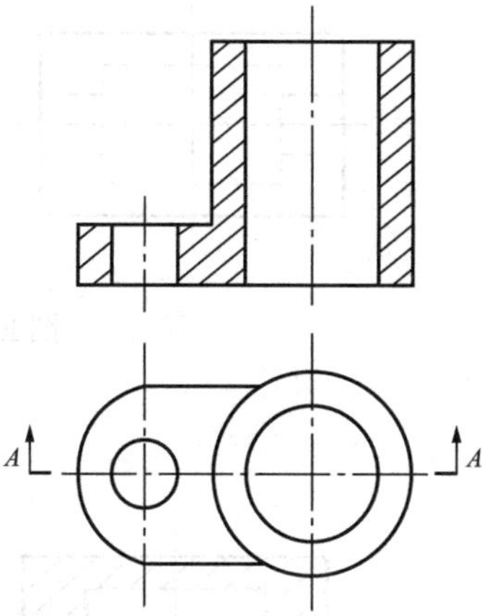

图 E-99

Jd2E4054 把主、俯视图 E-100 改为适当的剖视图。

答：剖视图如图 E-101 所示。

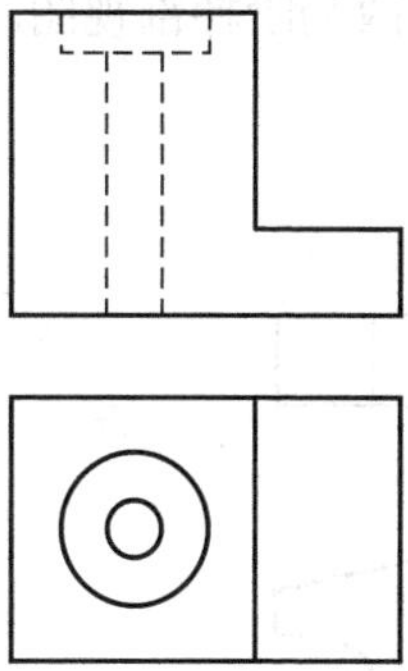

图 E-100

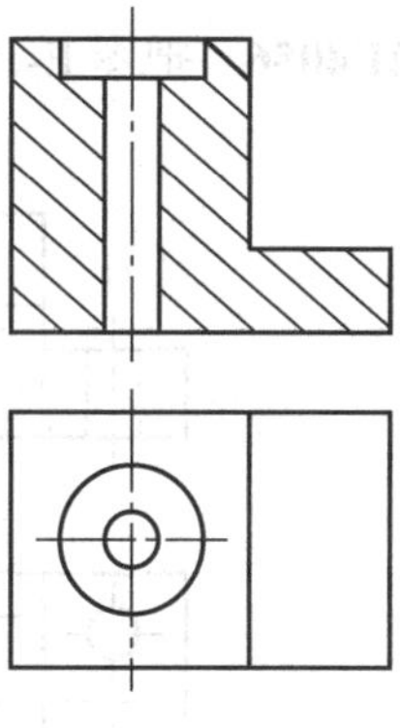

图 E-101

Jd2E4055 把主视图 E-102 改为适当的剖视图。

答：剖视图如图 E-103 所示。

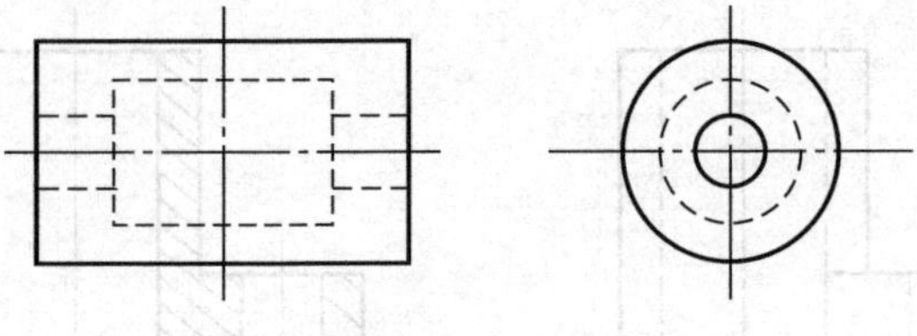

图 E-102

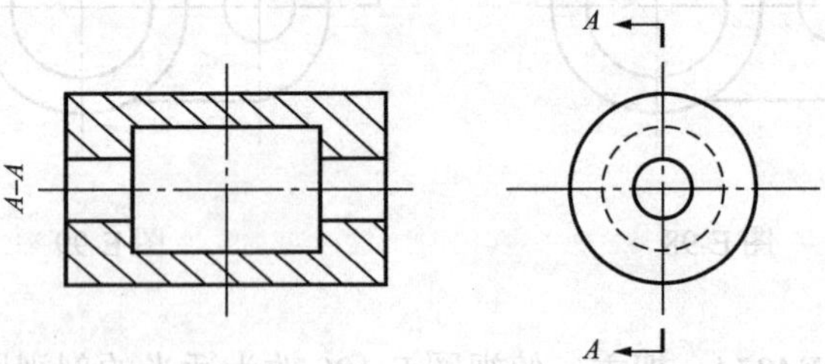

图 E-103

Jd2E4056 把图 E-104 主、俯视图改为阶梯剖视图。

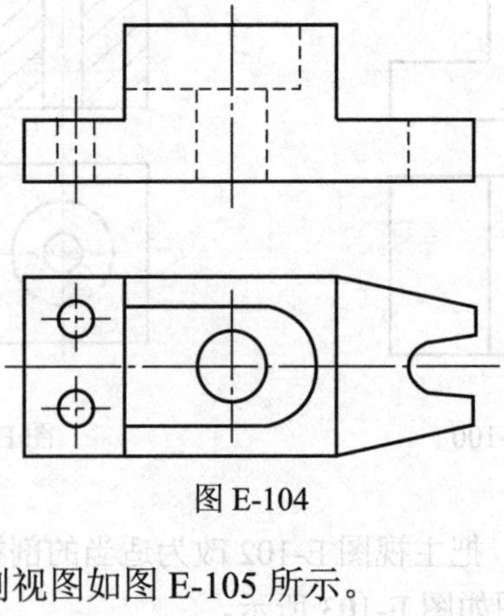

图 E-104

答：阶梯剖视图如图 E-105 所示。

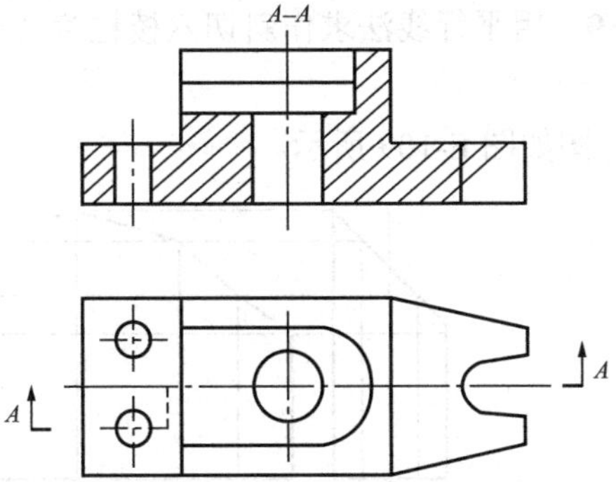

图 E-105

Jd1E2057 在一个孔与轴的配合中，轴为$\phi100^{+0.4}_{+0.02}$，其对应的孔为$\phi100^{0}_{-0.02}$，说明图 E-106 中它们是什么配合？并用公差带表示。

答：这个配合是过盈配合。公差带如图 E-106 所示。

图 E-106

Jd1E2058 画出 25mm×15mm×10mm（长×宽×高）长方体的投影轴侧图。要求按坐标轴比例 1:1 作图，并标注尺寸。

答：如图 E-107 所示。

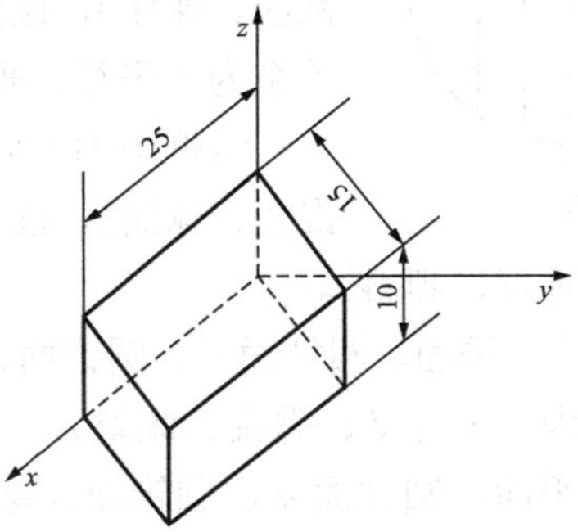

图 E-107

Jd1E3059 用平行线法求作斜切六棱柱管（见图 E-108）展开图。

答：展开图如图 E-109 所示。

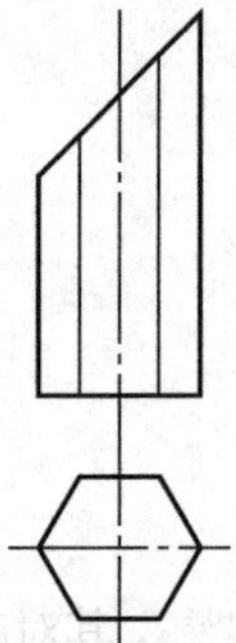

图 E-108

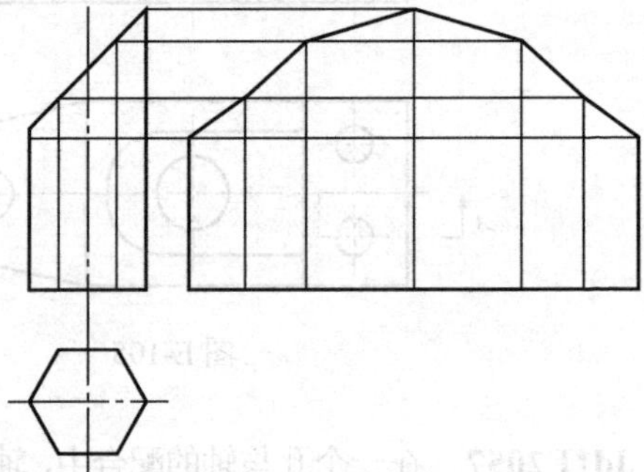

图 E-109

Jd1E4060 视图 E-110 的线面分析。用线面分析法看懂图 E-110 后回答问题，正确的打“√”。

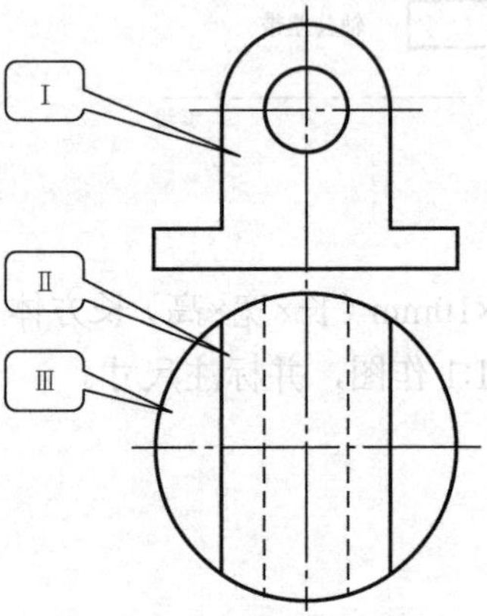

图 E-110

线框Ⅰ为（平面、圆柱面、圆锥面、球面），该面与 *H* 面的位置关系为（平行、垂直、倾斜）；

线框Ⅱ为（平面、圆柱面、圆锥面、球面），该面与 *H* 面的位置关系为（平行、垂直、倾斜）；

线框Ⅲ为（平面、圆柱面、圆锥面、球面），该面与 *H* 面的位置关系为（平行、垂直、倾斜）。

答：线框Ⅰ为（平面、圆柱面√、圆锥面、球面），该面与 *H* 面的位置关系为（平行√、垂直、倾斜）；

线框Ⅱ为（平面、圆柱面√、圆锥面、球面），该面与 *H* 面的位置关系为（平行、垂直√、倾斜）；

线框Ⅲ为（平面√、圆柱面、圆锥面、球面），该面与 H 面的位置关系为（平行、垂直√、倾斜）。

Je5E3061 画出球阀的代表符号。

答：如图 E-111 所示。

Je5E3062 画出减压阀的图形符号。

答：如图 E-112 所示。

图 E-111

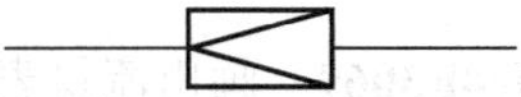

图 E-112

Je5E4063 画出止回阀的图形符号。

答：如图 E-113 所示。

Je5E4064 画出离心水泵图形符号。

答：如图 E-114 所示。

图 E-113

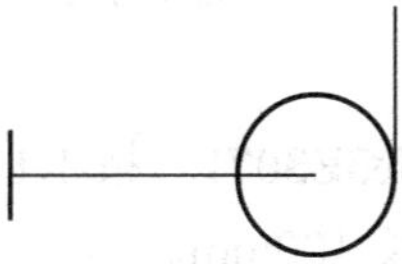

图 E-114

Je5E4065 画出安全阀的图形符号。

答：如图 E-115 所示。

Je4E4066 画出喷射器的图形符号。

答：如图 E-116 所示。

图 E-115

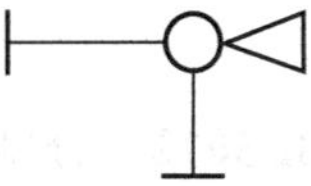

图 E-116

Je5E4067 画出滤水器的图形符号。

答：如图 E-117 所示。

Je4E3065 画出汽水分离器的图形符号。

答：如图 E-118 所示。

图 E-117

图 E-118

Je4E3069 画出流量表的图形符号。

答：如图 E-119 所示。

Je3E3070 画出油分离器的图形符号。

答：如图 E-120 所示。

图 E-119

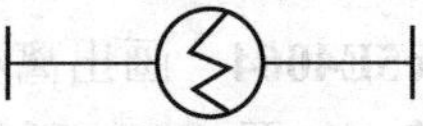

图 E-120

Je3E3071 按 1:1 比例画出 M12 双头螺柱并标注尺寸，螺柱总长 100mm。

答：如图 E-121 所示。

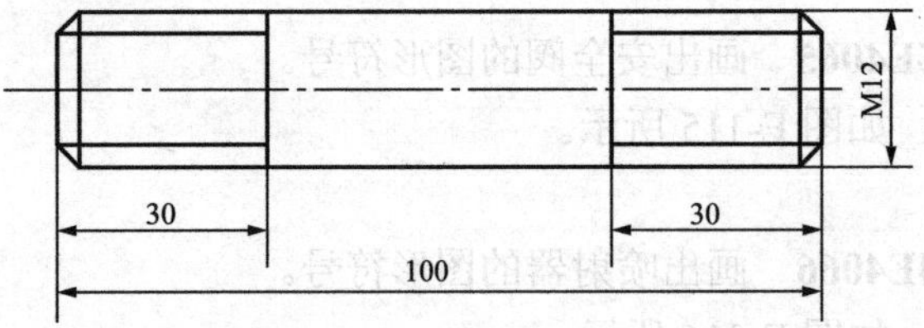

图 E-121

Je3E3072 分别画出 I 形焊缝、V 形焊缝、U 形焊缝、角焊缝的代表符号。

答：如图 E-122 所示。

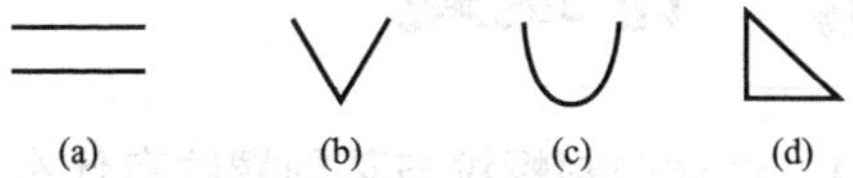

图 E-122

（a）I 形焊缝；（b）V 形焊缝；（c）U 形焊缝；（d）角焊缝

Je2E3073 画出Dg1300×Dg1000×300mm的管道大小头展开图（不考虑壁厚）。

答：如图 E-123 所示。

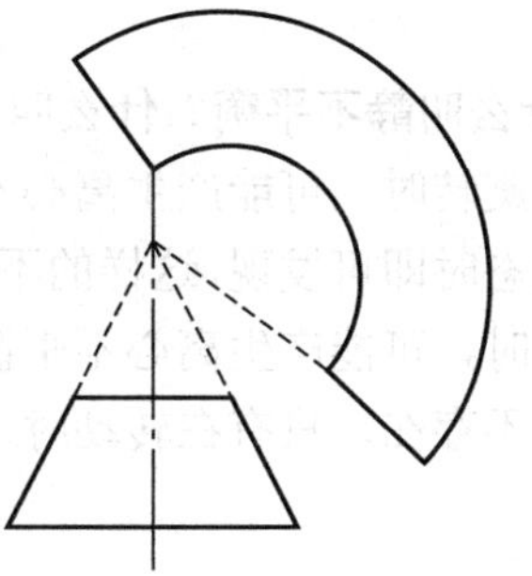

图 E-123

4.1.6 论述题

La5F3001　试述公制螺纹与英制螺纹有什么区别。常用的螺纹有哪几种形式。

答：公制螺纹的牙型角是60°，螺纹的尖端是削平的，螺纹的尺寸都是用（毫米）作单位。英制螺纹的牙型角是55°，螺纹的尖端也是削平的，外螺纹与内螺纹配合时在齿尖顶，齿根两面都有间隙，英制螺纹的尺寸是用（英寸）作单位。

常用的螺纹有三角形、矩形、梯形、锯齿形、圆形。

La5F3002　什么叫静不平衡？什么叫动不平衡？

答：转动部分旋转时，可能产生离心不平衡力，如果这种不平衡力在静止状态时即可发现，这样的不平衡称为静不平衡。

转动部分旋转时，可能产生离心不平衡力，如果这种不平衡力在静止状态时不存在，只有在转动时才会产生，这样的不平衡称为动不平衡。

Lb5F3003　发电机主要有哪些用油、用水、用风系统？它们的作用如何？

答：推力、上导轴承、下导轴承、高压油泵用油系统，其作用是润滑、冷却承载、操作。

推力、上下导轴承冷却器、空冷器用水系统，其作用是油冷却、进行热交换等。

制动器用风系统，其作用是机组停机时当转速降低到一定的转速时制动刹车，使机组很快停下来。

Lb5F3004　水轮发电机的类型有哪些？其中立式水轮发电机的结构是怎样的？

答：按其布置方式的不同分为立式和卧式两种；按推力轴

承的位置不同分为悬吊型和伞型两种；按冷却方式的不同分为空气冷却和水冷却。

立式水轮发电机主要包括定子、转子、上机架、下机架、推力轴承、导轴承、空气冷却器、制动系统、励磁机等。

Lb4F3005　常用推力轴承的三种结构形式是什么？推力轴承由哪几部分组成？液压支柱式推力轴承有哪些优点？

答：常用的推力轴承有三种：刚性支柱、液压支柱、平衡块支柱。

推力轴承由推力头、镜板、推力瓦、轴承座、油槽等组成。

液压式支柱轴承中，普遍采用薄型推力瓦结构，它将厚瓦分成薄瓦及托瓦两部分，这样有利于薄瓦散热，并使受力均匀，大大降低了瓦的热变形和机械变形。

Lb4F3006　试述手制动和自动制动的工作原理。

答：手制动的工作原理：当机组转速下降到 35%n_e（停机制动转速，根据各厂情况）时，其中一风源通过电磁阀给风阀，经过给风控制阀去风闸制动；另一风源经储气筒到顺序阀上腔把顺序阀活塞压下，排风控制阀和顺序阀排风腔接通，进行风闸反压排风。

自动制动的工作原理：当机组停机后，电磁阀动作切断两路风格，给风控制阀、给风电磁阀及顺序阀活塞在弹簧的作用下恢复到上腔，风源以另一阀经过顺序阀、排风控制阀进行风闸反压。

Lb3F3007　写出本厂发电机小修（标准项目）的检修标准（根据各厂情况回答）。

答：（1）推力、上导轴承检查、清扫，油面调整，冷却器渗漏处理，油质化验，静止油面油位检查，冷却器应清扫干净无渗漏。

（2）转子检查，半年清扫一次，螺栓紧固，结构焊缝及螺帽点焊无开焊；风扇完好，紧固螺帽，衬垫完好，磁轭键、磁极键无松动，挡风板完好，转子内外及挡风板清扫干净。

（3）定子、机架检查，半年清扫一次，各部螺栓紧固、销钉紧固无窜位，结构焊缝完好、无开裂，上下挡风板、各层盖板完好，固定牢靠，开孔处无其他物品，清扫干净。

（4）制动系统检查、清扫、试验，闸瓦表面无毛刺，风闸结构完好，闸板固定牢靠、完整，厚度比夹持铁条高不少于10mm。给风后，风压保持在0.6MPa以上，动作灵活，排风后能复位，各管路阀门无渗漏。

（5）油水管阀检查、清扫、渗漏处理及压力表检查、校验；主要压力表应半年定期校验，全部压力表一年校验一次。

（6）励磁机、永磁机、辅助发电机检查、清扫干净，压力表完好。

Lb3F3008　为什么要盘车，如何进行，盘车的目的是什么？

答：因为发电机都是轴和轴连接，所以要盘车。盘车时，首先要找出轴段连接的轴线和同心，轴旋转起来的中心线就是镜板的垂直线，通过盘车了解轴线和镜板平面的垂直情况，保证机组在运行中的摆度合格。

盘车的目的是：

（1）检查机组轴线的倾斜和曲折情况。

（2）通过盘车测量，求出摆度值，用于分析和处理轴线。

Lb3F3009　测摆度时为什么要同时记录机组所带的负荷、开度及当天的上下游水位？

答：机组振动是由各种原因引起的，与机组所带负荷的大小、导叶开度大小以及水头都有直接的联系，所以必须同时登记摆度、所带负荷、开度和当天上下游的水位，否则在下一次测摆度时记录的负荷、开度发生了变化，摆度测量数据则失去了可比性，摆度测量也将失去意义。

Lb3F5010　影响发电机转子的静平衡有几种？每一种都用何方法计算？

答：影响发电机转子的静平衡有：轮臂、磁极引线、磁轭铁片、磁轭端压板、制动闸板、磁极等（磁轭铁片在堆积时以作了平衡配重，故静平衡计算时不予考虑）；每一种都可用不平衡质量矩或矢量作图法进行计算。

Lb2F3011　什么叫发电机转子的动平衡试验？动平衡试验的内容有哪些？

答：动平衡试验就是用人为的方法改变转子的不平衡性，达到消除由不平衡引起的水力机组振动。动平衡试验的内容包括：振动的测量；试加荷重的选择；重新测振动，求出平衡力的大小和方位；在对称的位置加配重，以消除或减小机组的振动。

Lb2F4012　为什么要进行机组轴线的调整和测量？

答：机组轴线调整与测量的目的是使主轴获得正确的相互位置，即发电机主轴通过法兰与水轮机法兰相连接后，使机组的各自旋转中心在一条直线上。测量轴线的方法是通过盘车测得数值进行计算，求出最大的摆度值及其方位，从而判定出轴线的倾斜或曲折程度，再根据计算结果调整轴承座或调整推力头与镜板之间的绝缘垫等方法，使轴线各部分摆度值符合规定的要求。

Lb2F5013　什么叫全摆度、净摆度、相对摆度和绝对摆度？主轴倾斜度与净摆度有何关系？

答：全摆度是指同一测量部位对称两点百分表读数之差。净摆度是指同一测点上下两部位全摆度数值之差。

相对摆度是指测量部位每米长度的摆度值。

绝对摆度是指在该处测量出的实际摆度值。

主轴的倾斜度值是该处净摆度值的一半。

Lb2F5014 什么叫安装基准、工艺基准、校核基准？什么叫安装基准件？竖轴混流和轴流机组的安装基准是什么？

答：安装基准是在安装过程中，用来确定其他有关零部件位置的一些特定的几何元素。安装基准有两种：一种是安装件上的基准，它代表安装件的安装位置，安装件上其他部件都以它为准，这种基准称为工艺基准；另一种是用来校正安装件和给安装件定位的基准，这种基准本身并不在安装件上，称为校核基准。在安装工程上，把确定其他有关机件位置的某一机件作为安装基准件。对于竖轴混流机组其安装基准是座环；对于竖轴轴流机组其安装基准是转轮室。

Lc5F4015 为什么三相电动机的电源可以用三相三线制，而照明电源必须用三相四线制？

答：因为三相电动机是三相对称负荷，无论是星形接法还是三角形接法，都是只需要将三相电动机的3根相线接在电源的3根相线上，而不需要第4根中性线，所以可以用三相三线制电源供电；而照明电源的负荷是电灯，它的额定电压均为相电压，必须一端接相线，一端接中性线，这样可以保证各项电压互不影响，所以必须用三相四线制，但严禁用一相一地照明。

Jd5F3016 密封圈、垫及法兰盘根垫制作时应注意哪些问题？

答：制作时应注意的问题：垫的内径应略大于管的内径，不得小于管的内径；大尺寸的盘根垫可采用鸠尾拼接或楔形叠接黏合，但楔形黏合处应平整，不得有凹凸现象；圆截面胶皮圈可用胶皮条黏合而成，其接头必须呈斜口，斜口尺寸为1.5～

2倍胶皮条直径，用胶水粘接。

Jd4F3017　试述合像水平仪的使用方法。

答：光学合像水平仪是精密量具，使用时应轻拿轻放。使用时，将水平仪置于预测量的部位，用记号笔画出其测量位置，用手轻按水平仪对角应无翘动，然后调整旋钮使水平仪达到水平位置，此时气泡影像重合，记录数据；将水平仪调转180°，在同一位置重新测量一次水平并做记录，两次读数之差的一半即为该部位的水平值。

Jd3F3018　简述方形水平仪的构造，并说明方形水平仪是根据什么原理制成的。

答：方形水平仪是一种由金属方框架、主水准和与主水准垂直的辅助水准组成的。

方形水平仪是根据方框架的底平面与水准轴线相平行的原理制成的。

Jd3F4019　试述水准仪的构造及其使用方法。

答：水准仪主要是由望远镜、水准器和基座三部分组成。

使用水准仪的基本程序：

（1）调节调整螺栓，使水准器中的气泡居中。

（2）松开制动螺栓，用望远镜找准已知的基准点上所在区域里的木尺，固定制动螺栓。

（3）调解微动螺旋，使十字丝竖线照准改标尺。

（4）调节物镜对光旋钮，消除视差。

（5）调节微频旋钮，使符合水准气泡居中。

（6）气泡居中后，用十字丝内的中丝迅速而准确地在标尺上读出读数。

（7）在被测部件顶面立尺，转动镜筒，使望远镜照准该尺寸在原水准和符合水准的气泡都居中时读出标尺的读数。

Jd2F4020　试编写本专业发电机进行一般性检修后的总结报告。

答：总结报告的内容：

（1）情况介绍：施工项目的工期、参加人员、施工的目的等。

（2）主要工程量及施工项目介绍。

（3）安装工艺、施工方案、技术措施的执行情况：发电机运行中的缺陷情况；发电机检修后的消缺情况；检修数据记录；计划工期与实际安装工期；推广应用了哪些新工艺、新设备、新技术、新材料及效果；对搞好质量、安全工作采取哪些措施和经验教训；重要和关键问题的处理情况；施工组织情况。

（4）发电机检修后的试运行情况，如瓦温、摆度等重要技术记录；出现的问题及如何解决；遗留问题的记录。

（5）项目的评价。

Je5F3021　请试述推力、空气冷却器单个及整体耐压值。

答：推力冷却器单个耐压试验应为 0.4MPa，历时 30min 应无渗漏；推力冷却器整体耐压试验应为 0.25～0.3MPa，历时 30min 应无渗漏。空气冷却器单个耐压试验应为 0.35～0.4MPa，历时 30min 应无渗漏，空气冷却器整体通水耐压试验应为 0.3MPa，历时 30min 应无渗漏（以上数值仅供参考，根据本厂情况作答）。

Je5F3022　推力油槽渗漏试验检查哪些部位及检查方法？

答：推力油槽渗漏试验主要检查挡油管和油槽，油槽边和油槽底的密封状况。为减少煤油的用量，可用和好的面粉条隔挡在组合缝的周围，倒上 10～20mm 深的煤油，将油槽的外组合缝处擦干净，抹上粉笔灰，经过至少 4h 检查抹上的粉笔灰应无渗漏的痕迹。

Je5F4023 盘车测量的方法有哪些？盘车前的准备工作？

答：盘车测量的方法有：① 挂线法；② 百分表法。常用的方法是百分表法。

盘车前的准备工作如下：

（1）推力头和镜板连接好，水轮机轴和发电机轴连接好。

（2）把弹簧油箱打成刚性，检查发电机各部间隙及水轮机止漏环间隙是否和固定部件有碰擦。

（3）调整发电机轴与导轴瓦的间隙，使间隙小于 0.05mm；给轴位编号、设百分表，把轴编成 8 个号，编号应该和机组转动的方向相反，可在两个方向设表（即两个垂直方向，读数可以比较）；准备好盘车柱、盘车绳、天车。

（4）设表部位：小滑环处；上导、水轮机和发电机连接法兰处；推力头、镜板和油箱之间，目的是检查弹性油箱的刚性。

（5）连轴前发电机单独盘车数据合格。

Je5F4024 怎样判断推力轴承、上导轴承油色是否正常？

答：正常的油色应是淡黄色清澈透明。如果发现油色为乳白色则证明油里面含有水分，发现油色是黄黑色或者颜色很不正常，很可能是油变质了，这样可能要影响轴承的润滑效果。

Je4F3025 甩负荷对水轮发电机将产生怎样的后果？

答：由于系统事故使线路断路器跳闸，水轮发电机保护动作，都可能引起发电机突然甩掉部分或全部负荷。甩负荷对水轮发电机产生的后果：

（1）引起发电机转速升高，如调速器性能不好或调速系统、导水机构故障，就可能发生飞逸。

（2）引起发电机端电压升高。

（3）随着转速的升高，可能引起机组的摆度和振动增大。

Je4F3026 怎样进行镜板的研磨（即抛光）工作？

答：镜板研磨是在研磨机上进行的，把镜板朝上放在推力轴承上，用无水酒精清洗，再用绸布擦干，并涂上研磨剂，把两个长条形外包有法兰呢的研磨平台放在镜板上，用螺丝与旋转臂连接，通过电动机使旋转臂带着两块研磨平台顺机组回转方向转动，转速控制在6～7r/min，由专人照料研磨工作，直到研磨达到规程要求为止。

Je4F3027 在巡回检查中，一般应注意哪些问题？抄记哪些数据？检查哪些项目？

答：应注意的问题：首先是检查工作人员的服装和携带的工具是否符合进入发电机的条件，测摆度时不准接地，不乱动运行中的设备，检查推力、上导轴承是否有异音，油位值是否正常，各部结合面有无松动、振动、异音、气味，检查制动风压及各部温度。

抄记的数据：上下游水位，推力、上导轴承瓦温，冷、热风温度，总水压，推力水压，空冷水压，进出水温度，开度，负荷。

检查的项目：励磁机、永磁机，推力、上导轴承，测定上导、下导摆度，冷却水系统的阀门、水压表等，盖板，制动系统，消防水。

Je3F3028 悬吊型发电机上机架吊出应该具备什么条件？

答：具备的条件如下：

（1）推力头已拔出。

（2）上导轴瓦取出，绝缘托板拆除，托油盘落下。

（3）盖板外圈拆除，盖板与定子支持栏栅分解开，栏栅外伸部分不超过上机架的基础板，千斤顶退出。

（4）上水平挡风板与定子分解开。

（5）冷却水管、进排油管、消防水管分解开，并应该设有伸过栅栏的部分。

（6）励磁机引线、温度计线、浮子、系统器信号线等引线拆除。

（7）上机架销钉拔出，螺丝拆除，各个支腿设专人监护。

Je3F3029 转子磁轭进行加热时，应注意哪些事项？

答：应注意的事项有：

（1）磁轭加热时要用石棉布进行保温，尤其是支臂与磁轭之间的隔垫层要放好，防止磁轭热量向支臂辐射，使磁轭相对于支臂的温升达不到要求。

（2）在支臂与磁轭之间的适当位置布置若干个温度计，测量支臂与磁轭之间的温差，检查磁轭的温升是否均匀。

（3）检查加热绕组对地的绝缘电阻不应低于0.5MΩ，加热过程中要注意安全，防止触电和烫伤、火灾等事故发生，转子周围要设一定数量的灭火装置。

（4）在加热过程中，可通过焊在支臂与磁轭之间的测量杆，反映热膨胀产生的间隙。

Je3F3030 试述推力轴承检修时，主要应检查哪些项目。

答：主要应检查的项目：

（1）检查油槽密封的损坏程度，决定是否更换。

（2）检查油槽底部是否有积水和杂质，如果有，应考虑冷却器是否漏水或者油是否变质。

（3）冷却器清扫、检查、修理，并做耐压试验。

（4）检查推力轴承底座及支架对地的绝缘电阻应不小于5MΩ，否则对绝缘垫进行干燥处理。

（5）温度计检查、校验。

（6）检查支柱螺栓锁定板固定螺栓及锁定点是否松动或断裂。

（7）检查挡油桶是否磨损，耐油盘根是否老化，槽内油漆是否脱落。

（8）检查推力头绝缘垫变形、裂纹情况。

（9）推力瓦检查修刮，镜板检查研磨。

Je3F3031　说明拔磁极的工作顺序。

答：拔磁极的工作顺序为：

（1）将所拔磁极转到可拔位置。

（2）测量所拔磁极拆除的间隙。

（3）拆除有关部件，如：发电机各层盖板、挡风板、消防水管、上下风扇。

（4）磁极磁轭挡块、大小键点焊处铲开。

（5）用千斤顶顶住所拔磁极的下阻尼环，以防向外倒。

（6）用主钩拔磁极键，并注意人身安全。

（7）拔完磁极键后戴上铝极帽将磁极拔出。

Je3F3032　试述推力头安装的工艺过程。

答：推力头安装的工艺过程为：

（1）对镜板的要求：推力头套入前镜板的高程和水平在推力瓦面不涂润滑油的情况下测量，水平偏差应在 0.02mm/m 以内，高程应考虑在荷重下机架挠度值和弹簧油箱的压缩值。

（2）推力头套装：把推力头清扫干净放置在上垫石棉布的支墩上以电炉进行加温，加温时温升控制在 15～20℃/h，当温度达到 60～80℃时，保温 2h，清扫轴面装上推力头键，在轴面和键侧面抹上石墨，清扫镜板上表面。

吊起推力头，找平，进一步清扫推力头的内孔，抹上石墨，清扫推力头的底部，将推力头吊起。套入轴上等推力头落位后，检查与镜板间应有 2mm 以上的间隙。如发现间隙太小甚至没有间隙时，应立即启动油泵能够顶起转子，使推力头下落就位，当推力头和镜板之间的间隙大于 2mm 时即可停泵，将风闸千斤顶螺杆向上拧靠在风闸托板处即可排去压力。

（3）卡环安装：推力头套轴后应控制其温度下降不大于20℃/h，待温度接近室温时，再装上卡环。

卡环受力后，应检查轴向间隙，用0.02mm塞尺检查不能通过，间隙过大时，应抽出卡环，进行研刮处理，不得加垫。

推力头与镜板进行连接。

Je3F4033　简述立轴伞式水轮发电机的一般安装程序。

答：一般安装程序为：

（1）预埋下部机架基础板和定子基础板。

（2）在机坑内组装定子并下线，安装空气冷却器等。

（3）待水轮机大件吊入机坑后，吊装下机架，根据水轮机主轴中心线进行找正，固定下机架吊入就位，打入销钉，拧紧螺栓固定，调整制动器顶部高程。

（4）推力轴承安装。

（5）发电机主轴（带推力头）吊入机坑安装。

（6）转子吊装。

（7）将上机架吊放于定子机座上，按定位销钉孔的位置将机架固定。

（8）发电机轴线调整。

（9）连接水轮机和发电机主轴。

（10）整机轴线调整。

（11）推力瓦受力调整，把转动部分调至机组中心。

（12）安装导轴承、油槽等，配装油、水汽等管路。

（13）安装励磁机和永磁机。

（14）安装其他零部件。

（15）全面清扫、喷漆、干燥。

（16）机组启动试运行。

Je3F4034　磁轭铁片清洗分类的目的和程序分别是什么？

答：磁轭铁片清洗分类的目的是为了尽可能地保证转子磁

轭堆积时的片间密实性和对称质量的平衡性，从而提高转子运行的可靠性和稳定性。

铁片清洗的程序分为去锈、除刺、擦干、过秤、分类。

Je3F4035　磁轭堆积前的准备工作有哪些？

答：铁片正式堆积前，必须做到以下工作：

（1）清洗紧压螺杆，检查螺杆尺寸，佩戴双头螺母。

（2）清洗磁轭大键，进行大键的研磨、试装，合格后打上编号捆绑在一起。

（3）在磁轭底部放置钢支墩，在支墩上放好楔子板，初步调好高程。

（4）无下端压板的将制动闸板按图纸规定放置在支墩上，以支臂挂钩及键槽为标准，找正制动闸板的方位、标高、水平，并使其仅靠支臂外围。

（5）在支臂键槽中放入较厚的一根磁轭键，且键的大头朝下，斜面朝里，下端与槽口平齐，用千斤顶支承，上端用白布封塞以防杂物掉入。

Je3F4036　为什么要进行热打磁轭键？热打键的打入长度及磁轭与轮臂的温差怎样计算？

答：由于随着大容量、高转速水轮发电机的出现，运行中磁轭受强大离心力作用而产生的径向变形越来越明显，造成了磁轭与轮臂的分离，这不仅加大了振动和摆度，而且还会使轮臂挂钩因受到冲击而断裂，造成严重事故，故采用热打磁轭键的办法。

热打键的打入长度的计算公式如下：

$$L=k/j$$

式中　L——长键打入的长度，mm；

k——热打键紧量，mm；

j——磁轭大键斜率，通常为1/200。

温差的计算公式如下：

$$\Delta t = k/(\alpha R)$$

式中 Δt——磁轭和转臂所需的温差；

α——钢材的线膨胀系数，$\alpha=11\times10^{-6}$；

R——轮臂的半径。

Je3F4037 如何检查、处理转子上的焊缝及连接螺栓？

答：检查转子上的焊缝，如轮毂上的焊缝、挡风板焊缝、螺母点焊、磁轭键及磁极键的点焊等；检查连接螺栓是否松动，检查风扇叶是否有裂纹，其螺母锁定是否松动或电焊处是否有开焊等。

对于结构焊缝开焊，应用电弧气刨刨开U形坡口，用电加热法加热至 100℃左右，再进行补焊。转子支臂与轮毂的连接螺栓，可用小锤敲击检查是否松动，如果有松动可用大锤打紧后重新点焊。

Je2F3038 分别说明刚性支柱式、液压支柱式、平衡块式推力轴承的受力调整方法？

答：刚性支柱式推力轴承的受力调整方法有：用人工锤击调整受力法、用百分表调整受力法、用应变仪调整受力法。

液压支柱式推力轴承的受力调整方法有：用百分表调整受力法、用应变仪调整受力法。

平衡块式推力轴承的平衡块不需要调整受力。

Je2F3039 怎样进行推力瓦的研制？

答：研制的方法为：

（1）研磨：推力瓦刮削时，应通过研磨显出的高点进行刮削，推力瓦的研磨在研磨机上进行，用研磨机使镜板按机组旋转方向转 3～5 圈，然后用起重设备吊开镜板，把推力瓦放在特殊的平台上就可进行推力瓦的刮削工作。

（2）刮削：首先是粗刮，经过几次研刮瓦面呈现出平衡而光滑的接触状态后可进行精刮，精刮时按照接触情况用弹簧刮刀依次刮削。刀痕要清晰，前后两次刮削的花纹应大致垂直，最大最亮的点应全部刮掉，中等接触点挑开，小点暂时不刮，每刮完一遍都要把瓦面擦干净，放在研磨机上再次研磨，经过多次反复操作使接触点达到要求。

Je2F4040　发电机轴线测量前的准备工作是什么？

答：准备工作有：

（1）在上导轴颈及法兰处，沿圆周画 8 等分线，上下两部位的等分线应在同一位置上，并按逆时针方向顺序对应编号。

（2）调整推力瓦受力，并使镜板处于水平状态，推力瓦面加润滑剂。

（3）安装推力头附近的导轴瓦，以控制主轴径向位移，瓦面涂薄而匀的润滑油，调整瓦与轴的间隙为 0.03～0.05mm 以内。

（4）清除转动部件上的杂物，检查各转动与固定部件的间隙处，应绝对无异物卡阻或相碰。

（5）在导轴承和法兰处，按 x、y 方向各装两只百分表，作为上、下两个部分测量摆度及互相校对用。

（6）在法兰处推动主轴，应能看到表上指针摆动，证明主轴处于自由状态。

Je2F4041　写出螺栓伸长值的计算公式、各符号代表的意义，并回答怎样进行螺栓伸长值的测量？

答：计算公式及各符号代表的意义为

$$\Delta L=[\sigma]L/E$$

式中 ΔL——螺栓伸长值，mm；

L——螺栓的长度，从螺母高度的一半算起，mm；

$[\sigma]$——螺栓许用拉应力，一般采用 $[\sigma]$=120～140MPa；

E——螺栓材料弹性系数，一般 $E=2.1\times10^5$MPa。

螺栓的伸长值通常使用百分表和测伸长值的工具进行测量。一般主轴连接螺栓都是中空的，孔的两端带有一段螺纹，在拧紧螺母之前，应先在此孔内拧上测杆，用专用百分表架和百分表测量测杆端在螺栓端面以下的深度，并按编号做好记录，在螺母逐步拧紧过程中，螺栓被拉伸，而测杆并没有伸长，再次用百分表测量测杆端深度。两次测量的记录值相减即为螺栓的伸长值。

Je2F4042　怎样进行转子硅钢片的压紧工作？叠压系数的两种计算方法各是什么？

答：转子硅钢片压紧常用的方法是辅助螺杆及套管压紧。用辅助螺杆压紧时，要对称顺一个方向逐次拧紧，先紧里圈，以免产生过大的波浪度，压紧过程中要经常检查制动闸板的径向倾斜情况，如内外不平或离开轮臂挂钩则应予以调整。叠压系数不得小于99%，其计算方法有两种：

（1）用实际堆积重与计算积重之比计算叠压系数。

$$K=G/(FnHy)\times 100$$

式中　G——实际堆积铁片的全部质量，kg；

y——铁片密度，可取 7.85×0.001kg/c；

F——单张铁片的净面积；

n——每圈铁片张数；

H——压紧铁片的平均高度。

（2）用计算平均高度与压紧后实际平均高度之比计算叠压系数。

$$K=(h_1n_1+h_2n_2+\cdots+h_nn_n)/H_{cp}$$

式中　H_{cp}——铁片各段压紧后的实际平均高度；

h_1、h_2、…、h_n——各类铁片的单张平均厚度；

n_1、n_2、…、n_n——相应各类铁片的堆积层数。

Je2F3043　什么叫盘车？盘车有几种方法？怎样进行盘

车测量？

答：盘车就是使机组的转动部分缓慢地转动。

盘车的方法有机械盘车、电动盘车、人工盘车。

盘车的测量：盘车前的准备工作完成后，所设的百分表派专人监护记录，在统一指挥下使转动部分按机组旋转方向缓慢转动，每次均需准确地停在各点上，解除盘车的动力对转动部分的外力影响，再用手推动主轴以验证主轴是否处于自由状态，然后通知各监表人记录百分表的读数，盘车测量时一般测记两圈，以第二圈数值为准。

Je2F3044　磁极挂装就位后其中心高程如何确定？

答：在磁极外表面上用样冲标出铁芯中心点，以主轴法兰为标准，用水准仪测量转子磁极设计中心点与主轴法兰接合面的距离，得出转子磁极高程，将此高程引到磁轭外表上画出记号，作为转子磁极中心基准点，以此确定磁极中心位置的顶针高程，调整好后固定，并以顶针为准在安装时调节磁极中心高程。

Je1F3045　怎样进行磁极外表圆度的测量调整？

答：当键全部打完后，用测圆架复查磁极中心高程和外表圆度，其高程误差不大于±2mm，圆度相对误差不大于设计空气间隙值的±5%，高程误差太大应拔出键重调，圆度不合格可在冷打磁轭键时加以调整。

Je1F3046　检修时怎样拔出推力头？

答：由于推力头与主轴是过渡配合，用下面的方法拔出推力头：拆下推力头与镜板的连接螺钉，用钢丝绳将推力头挂在主钩上稍稍拉紧，启动油泵，顶起转子在成90°方位的推力头和镜板间加上4个铝垫，排油落转子，主轴随转子下降，推力头被铝垫卡住，拔出一段距离，反复几次，每次加垫厚度控制在6～10mm之内，渐渐拔出推力头直至吊出为止。

Je1F3047　发电机轴线产生摆度的原因是什么？消除或减小摆度的方法有哪些？

答：假设发电机镜板摩擦面与整根轴线绝对垂直，且组成轴线的各部件既没有倾斜也没有曲折，那么这根轴在回转时将围绕理论旋转中心稳定旋转，但是实际的镜板摩擦面与机组的轴线不会绝对垂直，轴线本身也不会是一条理想的直线，因而在机组回转时机组轴线必将偏离理论旋转中心线，轴线上任何一点所测得的锥度圆就是该点的摆度圆，其直径就是通常所说的摆度，由此可见镜板摩擦面与轴线不垂直或轴线本身曲折是产生摆度的主要原因。

消除或减小摆度的方法：通过盘车测出有关部位的摆度值，分析轴线产生摆度的原因，并利用刮削有关组合面的方法减小摆度，使其在允许的范围内。

Je1F3048　机组振动可分为几类？试分析引起机组振动的原因有哪些。

答：机组振动可分为水力振动、机械振动和电磁振动等。

引起机组振动的原因：

（1）水力因素：水力不平衡、尾水管中水压脉动、空腔空蚀、卡门涡列、间隙射流。

（2）机械因素：转子质量不平衡、机组轴线不正、导轴承缺陷。

（3）电磁因素：转子绕组短路、空气间隙不均匀等。

Je1F3049　转子测圆的注意事项有哪些？

答：注意事项如下：

（1）不要把测圆架长时间的停留在电热器旁边，以免受热变形影响测量的精度。

（2）推动测圆架时要轻轻地推、用力均匀，防止突然推动时测圆架发生震颤。

（3）测圆架应按同一个方向旋转，防止推过头再拉回来。

（4）上、下两表的读数应互相通报。

（5）百分表使用前应检查其灵敏度、准确度及测头是否松动。

Je1F4050　试述造成主轴轴线发生曲折的原因主要有哪些。处理方法主要有哪些。

答：主要原因有：

（1）法兰接合面与主轴轴线不垂直，造成总轴线在法兰处发生弯折，这是机组轴线曲折的主要原因。

（2）主轴本身弯曲，但这种现象很少见。

主要的处理方法有：

（1）刮削推力头与镜板之间的绝缘垫。

（2）刮削或处理推力头底面。

（3）处理法兰接合面。

Je1F4051　何谓水力机组的大修？其主要项目有哪些？

答：水力机组的大修是有计划地、较全面地检查、修理机组运行中出现的、小修中无法处理的严重设备缺陷。大修以水轮机转轮不分解、不吊出为限。

其主要项目有：

（1）转轮检修，包括裂纹检查和处理、空蚀检查及补焊等。

（2）导水机构的检修，包括导叶漏水量的测定、导叶间隙测量和调整、接力器分解检查、导叶传动机构检修、各部轴承注油等。

（3）水轮机导轴承的检修、间隙的测量与调整、管路附件的分解检查、表计校正。

（4）主轴密封装置的检修。

（5）发电机转子的检修及动平衡试验。

（6）推力轴承检修及发电机导轴承检修，包括镜板检查、推力瓦刮研、推力轴承受力调整等。

（7）机组轴线的调整。

（8）某些辅助设备的检修。

Je1F4052　试述发电机转子吊入后中心找正的方法。

答：中心找正的方法如下：

（1）可用带支撑架的千斤顶调整转子的中心，千斤顶头部与法兰侧面间应加胶皮垫或铜皮，目的是保护法兰面。

（2）在 x、y 轴线方向各装一只百分表，表的短针指中，长针调零。

（3）调离转子，用下导瓦或千斤顶使主轴法兰移动，百分表用于监视法兰移动的距离和方向。

（4）落下转子，复测中心偏差，经过几次调整后，达到中心偏差小于 0.05mm，两法兰的螺孔按号对正为止。

Je1F5053　造成主轴与镜板摩擦面不垂直的原因主要有哪些？

答：主要原因有：

（1）当推力头底面与主轴垂直，但推力头与镜板之间的绝缘垫厚度不均匀，或因运行时间过长造成绝缘垫在厚度方向发生变形，都会使主轴与镜板摩擦面不垂直，从而造成轴线倾斜，这是最主要的原因。

（2）推力头与镜板之间的绝缘垫厚度均匀，但卡环厚度不均匀，推力头与主轴配合较松时，也会造成推力头底面与主轴不垂直，则主轴与镜板摩擦面不垂直，从而造成轴线倾斜。

（3）若推力头平面加工不良，造成推力头底面与主轴不垂直，使轴线倾斜。

（4）因镜板太薄，受力后产生弹性变形，后镜板加工不良，使摩擦面与背面不平行，使主轴线发生倾斜。这种情况一般是不常见的。

Jf5F3054　进入发电机制度有哪些？

答：进入发电机制度有：

（1）在发电机检修期间，检修人员应接受值班登记人员的检查询问。

（2）不许带与工作无关的东西进入发电机内，因工作需要带入的工具（工具要有永久、明显的数字）材料物品及其他材料，必须严格的办理登记手续，并检查工具的完好性，否则一律不许带入。

（3）携带工具材料离开时，应检查携带的工具及物品的完好性及其数量。

（4）进入发电机内的工作人员，服装应当符合要求，不准将带钉子的鞋及带金属的衣服穿入发电机内工作。

（5）需要在发电机内使用电焊、气焊、喷灯及明火作业时，必须先按照要求做好防火措施，并与消防员联系，共同检查现场方可进入工作。

（6）带入发电机内的易燃、易爆物品，必须指定专人看管，使用时要做好防火、防爆的安全措施。

（7）在发电机内工作完毕后，要仔细清点工具，检查现场，严格遗留物品。

（8）遇有工作物品丢失在发电机内时，要及时汇报领导，发动群众查找，未找出结果前不准启动机组。

Jf5F3055　发电机检修中零部件管理制度有哪些？

答：管理制度如下：

（1）检修期间发电机内分解的零部件，在检查清点数量后，再进行分解。对拆下的螺丝、垫片等应及时回收、装袋，并指派专人清点数量，使之与原安装数量相等。

（2）发电机内拆下的零部件，均应按登记卡的要求填写一式两份，并将一份登记卡装入零件袋内，另一份交班内保存。严禁不写登记卡，乱拿乱放。

（3）修配零件必须认真，按要求配齐质量合格的零件，并清洗干净，按登记卡的要求填清楚修理人、新配数量等内容，装袋整齐排放在零件箱内。

（4）安装时拿入发电机的零部件均应严格清点数量、规格，不能马虎从事，零件一次不可拿入过多，根据工作情况可分批拿入，并配好数量。工作完毕后，拿入的零件应等于剩余的零件加装入的零件，中途更换零件应经两人以上核对，并记清楚。

（5）如零件丢失、掉落、数量有误差等时，应及时查找，并通知其他工作人员及有关人员组织落实，以上各规定要严格遵守并执行。

Jf3F3056　试述提高劳动生产率的主要途径。

答：主要途径为：

（1）采用新技术，开展技术革新，提高施工机械化、自动化水平。

（2）改善劳动组织，合理进行专业化施工，有关人员协同合作。

（3）提高管理水平，搞好定员、定额、按劳分配、劳保福利及劳动纪律等工作。

（4）加强技术培训，提高工人文化技术水平，防止各种事故发生。

（5）提高职工的思想政治觉悟，发挥个人的主观能动性。

Jf2F3057　试述发电机检修施工组织设计的主要内容。

答：主要内容有：

（1）工程概况。

（2）工程规模和主要工程量。

（3）施工综合进度表。

（4）设备装配场地平面布置。

（5）动力供应系统布置。

（6）主要施工方案的选择和重大技术措施的确定。

（7）非标准件的加工计划。

（8）施工组织机构设置和劳动力计划。

（9）施工技术及物资供应计划。

（10）施工人员技术培训计划。

（11）生产、生活临时设施的安排。

（12）主要技术经济指标和保证质量、安全、降低成本及推广的重大技术革新项目等技术措施。

4.2 技能操作试题

4.2.1 单项操作

行业：电力工程　工种：水轮发电机机械检修　　等级：初

编　号	C05A001	行为领域	e	鉴定范围	1
考核时限	60min	题　型	A	题　分	20
试题正文	水轮发电机巡回检查（含填写一份水轮发电机巡回检查工作票）				
需要说明的问题和要求	1. 要求单独进行操作处理 2. 测摆度时不接地 3. 遵守进入发电机制度 4. 不乱动运行中的设备 5. 注意人身与设备安全				
工具、材料、设备场地	工具：手电、活扳子、机用螺丝刀、检查手锤、木柄螺丝刀 量具：百分表（带有绝缘）				
评分标准	序号	操作步骤及方法			
	1 2 3 4 5 6 7	励磁机、永磁机检查（视具体情况） 推力、导轴承检查 测定导轴承摆度 冷却系统检查 发电机消防水检查 发电机盖板、中层盖板检查 制动系统检查			
	质量要求	1. 结合螺栓无松动、振动，声响无异常 2. 瓦温、油温、水温、风温等无异常 3. 油位正常，润滑油色状况良好 4. 密封盖不甩油，油槽无异音，无渗漏 5. 技术供水系统：冷却水阀位置正常，管线无渗漏，摆度应无异常增大，同时记录负荷、开度及当日上、下游水位，取水阀位置正常，减压阀、液压阀正常无渗漏，总水压正常，各压力表完好，各阀门无渗漏，滤水器无渗漏，各部水压、流量正常 6. 阀门管路无渗漏，接头完好，连接完好无松动，制动风压正常，各管阀接头无漏风，油三通阀位置正常			
	得分或扣分	1. 项目未进行完全，扣 10 分 2. 未做好记录，扣 5 分 3. 未及时汇报，扣 5 分			

行业：电力工程　　工种：水轮发电机机械检修　　　等级：初/中

<table>
<tr><td>编　　号</td><td>C54A002</td><td>行为领域</td><td>e</td><td>鉴定范围</td><td>1</td></tr>
<tr><td>考核时限</td><td>60min</td><td>题　　型</td><td>A</td><td>题　　分</td><td>20</td></tr>
<tr><td>试题正文</td><td colspan="5">调整上导轴瓦的间隙</td></tr>
<tr><td>需要说明的问题和要求</td><td colspan="5">1. 要求单独进行操作处理
2. 现场就地操作演示，不得触动其他设备
3. 注意安全，文明操作演示</td></tr>
<tr><td>工具、材料、设备场地</td><td colspan="5">工具：活扳手、专用扳手、大锤、专用顶丝、照明器材
量具：塞尺、百分表</td></tr>
<tr><td rowspan="3">评分标准</td><td>序号</td><td colspan="4">操 作 步 骤 及 方 法</td></tr>
<tr><td>1
2
3

4
5
6</td><td colspan="4">上导瓦间隙调整之前必须检查所有轴瓦是否已用顶丝紧靠在轴颈上
轴瓦应按旋转方向与抗重螺丝相靠
调整时调整抗重螺丝和打紧背帽应协同进行，背帽打紧后应符合上述间隙要求
背帽的锁定卡板应向顺时针方向推靠后进行
用百分表监测轴的位移情况
用塞尺检查抗重螺丝头部与瓦背间隙</td></tr>
<tr><td>质量要求</td><td colspan="4">上导瓦间隙按 0.15±0.01mm 调整一致，间隙的测量方法可用 0.14mm 塞尺可通过，0.16mm 厚塞尺不能通过来检查</td></tr>
<tr><td></td><td>得分或扣分</td><td colspan="4">1. 工器具准备不充分，扣 5 分
2. 项目未进行完全，扣 10 分
3. 未达到质量标准，扣 5 分</td></tr>
</table>

行业：电力工程　　工种：水轮发电机机械检修　　等级：初/中

编　　号	C54A003	行为领域	e	鉴定范围	1
考核时限	60min	题　　型	A	题　　分	20
试题正文	测量上导轴位				
需要说明的问题和要求	1. 要求单独进行操作处理 2. 现场就地操作演示，不得触动运行设备 3. 注意安全，文明操作演示				
工具、材料、设备场地	工具：活扳手、顶转子油泵 量具：内径千分尺、百分表				
评分标准	序号	操作步骤及方法			
	1	用内径千分尺测量上导轴位，至少要测4个正方向			
	2	测量发电机轴与机架固定点的距离			
	3	将4个测量值分别对应做好记录			
	4	与复测人进行结果比较			
	质量要求	基本就位后，可再进行轴位测量，应使测量结果与复测结果相差在0.02mm以内			
	得分或扣分	1. 工器具准备不充分，扣5分 2. 测量点不正确，扣5分 3. 测量不准确，扣5分 4. 未达到质量标准，扣5分			

行业：电力工程　　工种：水轮发电机机械检修　　　等级：初/中

编　　号	C54A004	行为领域	e	鉴定范围	1
考核时限	60min	题　　型	A	题　　分	20
试题正文	检修空气冷却器				
需要说明的问题和要求	1. 要求单独进行操作处理 2. 现场就地操作演示，不得触动其他设备 3. 注意安全，文明操作演示				
工具、材料、设备场地	工具：活扳手、梅花扳手、手压泵、扁铲、毛刷、破布、剪刀、空芯冲、钢丝刷 材料：胶皮板、清洗剂、油漆				

评分标准		
	序号	操　作　步　骤　及　方　法
	1	空气冷却器吊出之前，应先将下端法兰螺栓全部拆除，两侧可拆除上下压板，留下两个中压板，待钢丝绳挂妥起吊之际再拆除
	2	空气冷却器端盖分解后，应去锈并刷防锈漆，空气冷却器铜管排污可用热金属清洗剂，将空气冷却器平吊入已加温至80℃以上的清洗剂水中浸泡并搅动10～15min，再吊入热水槽内浸泡并搅动20～30min，最后吊出用清水冲洗干净即可
	质量要求	空气冷却器单个水压试验按0.4MPa测试0.5h应无渗漏，如发现空气冷却器有渗漏应查找原因，堵塞铜管的根数不得超过铜管数的15%，否则应更换冷却器
	得分或扣分	1. 工器具准备不充分，扣5分 2. 项目未进行完全，扣10分 3. 未达到质量标准，扣5分

行业：电力工程　　工种：水轮发电机机械检修　　等级：初/中

<table>
<tr><td>编　　号</td><td>C54A005</td><td>行为领域</td><td>d</td><td>鉴定范围</td><td>4</td></tr>
<tr><td>考核时限</td><td>60min</td><td>题　　型</td><td>A</td><td>题　　分</td><td>20</td></tr>
<tr><td>试题正文</td><td colspan="5">用给定材料进行攻丝操作</td></tr>
<tr><td>需要说明的问题和要求</td><td colspan="5">1. 要求单独进行操作处理
2. 现场就地操作演示
3. 注意安全，文明操作演示</td></tr>
<tr><td>工具、材料、设备场地</td><td colspan="5">工具：丝锥、铰杠、活扳手、毛刷
材料：供攻丝的制作件、油壶</td></tr>
<tr><td rowspan="4">评分标准</td><td>序号</td><td colspan="4">操作步骤及方法</td></tr>
<tr><td>1
2

3
4

5
6</td><td colspan="4">工作时工件要夹紧，丝锥中心线要与孔的端面垂直
丝锥应放正，攻丝时用力要均匀并保持丝锥与丝孔面垂直，其垂直情况可凭眼力观察，必要时可用角尺检查
正确选择铰杠的长度和冷却润滑液
搬转铰杠时，以每次旋转 1/2 圈为宜（丝锥的每次旋转应小于 1/2 转），每次旋转后应反转 1/4 或 1/2 行程，反转不仅能折断切削，减少切削刀粘屑现象，保持锋利的刃口，而且可使冷却润滑液顺利进入切削区，提高攻丝粗糙度
攻不通孔时，应不断退出丝锥，倒出切屑
头锥攻丝感到费力时，应用二锥与头锥交替攻丝，这样省力且丝不易折断</td></tr>
<tr><td>质量要求</td><td colspan="4">1. 符合工艺要求
2. 丝扣螺纹表面光滑
3. 表面无裂纹及毛刺</td></tr>
<tr><td>得分或扣分</td><td colspan="4">1. 工器具准备不充分，扣 5 分
2. 丝扣螺纹表面不光滑，扣 5 分
3. 折断丝锥，扣 5 分
4. 未达到质量标准，扣 5 分</td></tr>
</table>

行业：电力工程　　工种：水轮发电机机械检修　　等级：初/中

<table>
<tr><td>编　　号</td><td>C54A006</td><td>行为领域</td><td>d</td><td>鉴定范围</td><td>2</td></tr>
<tr><td>考核时限</td><td>120min</td><td>题　　型</td><td>A</td><td>题　　分</td><td>20</td></tr>
<tr><td>试题正文</td><td colspan="5">检修闸板阀</td></tr>
<tr><td>需要说明的问题和要求</td><td colspan="5">1. 要求单独进行操作处理
2. 现场就地操作演示，不得触动运行设备
3. 注意安全，文明操作演示</td></tr>
<tr><td>工具、材料、设备场地</td><td colspan="5">工具：专用扳手、活扳手、梅花扳手、四磅锤、剪刀、毛刷
材料：胶皮板、石棉盘根、防锈漆等油漆、黄油</td></tr>
</table>

<table>
<tr><td rowspan="8">评
分
标
准</td><td>序号</td><td>操　作　步　骤　及　方　法</td></tr>
<tr><td>1</td><td>检查阀杆螺纹完好、无弯曲，与盘根接触的部分应光滑无锈蚀，提升螺母应完好</td></tr>
<tr><td>2</td><td>检查阀头与阀壳密封面应平整光滑</td></tr>
<tr><td>3</td><td>检查阀头与阀杆的连接零件，如O型挡板、T形头、带楔锁块和使阀头外胀的零件胀楔，半圆头等应完好牢靠</td></tr>
<tr><td>4</td><td>闸板阀分解后，应对阀壳、内壁、阀头刷二度防锈漆，但阀头与阀壳的密封面及阀盖与阀壳的组合面不得刷漆</td></tr>
<tr><td>5</td><td>装填盘根应按层加入，两层盘根的剪口应错开，装填完毕后应留有一定的压紧量，装完的阀门手轮动作应灵活，减速机构应完好</td></tr>
<tr><td>质量要求</td><td>1. 操作机构灵活，无发卡现象
2. 阀门检修后各部无渗漏现象</td></tr>
<tr><td>得分或扣分</td><td>1. 工器具准备不充分，扣4分
2. 未进行全面检查，扣2分
3. 法兰螺栓未完全紧固，扣2分
4. 操作机构不灵活，有发卡现象，扣5分
5. 阀门检修后各部有渗漏现象，扣5分
6. 各部未按规定刷漆防腐，扣2分</td></tr>
</table>

行业：电力工程　　工种：水轮发电机机械检修　　等级：初/中

<table>
<tr><td>编　　号</td><td>C54A007</td><td>行为领域</td><td>e</td><td>鉴定范围</td><td>1</td></tr>
<tr><td>考核时限</td><td>60min</td><td>题　　型</td><td>A</td><td>题　　分</td><td>20</td></tr>
<tr><td>试题正文</td><td colspan="5">使用顶转子油泵</td></tr>
<tr><td>需要说明的问题和要求</td><td colspan="5">1. 要求单独进行操作处理
2. 现场就地操作演示，不得触动运行设备
3. 注意安全，文明操作演示</td></tr>
<tr><td>工具、材料、设备场地</td><td colspan="5">工具：顶转子油泵</td></tr>
</table>

<table>
<tr><td rowspan="9">评分标准</td><td>序号</td><td>操　作　步　骤　及　方　法</td></tr>
<tr><td>1</td><td>开工作票</td></tr>
<tr><td>2</td><td>检查高压油泵是否完好、油管路系统和阀门等是否正常完好</td></tr>
<tr><td>3</td><td>检查电源的完好和可靠性</td></tr>
<tr><td>4</td><td>了解油泵的性能和操作要领</td></tr>
<tr><td>5</td><td>按本厂的情况设定压力值</td></tr>
<tr><td>6</td><td>启动高压油泵</td></tr>
<tr><td>质量要求</td><td>符合发电机检修规程中关于顶转子的要求</td></tr>
<tr><td>得分或扣分</td><td>1. 未开工作票，扣 2 分
2. 未检查高压油泵是否完好，扣 5 分
3. 未检查电源的完好和可靠性，扣 5 分
4. 未按本厂的情况设定压力值，扣 5 分
5. 未按规定启动高压油泵，扣 3 分</td></tr>
</table>

行业：电力工程　　工种：水轮发电机机械检修　　等级：初/中

<table>
<tr><td colspan="2">编　　号</td><td>C05A008</td><td>行为领域</td><td>e</td><td>鉴定范围</td><td>1</td></tr>
<tr><td colspan="2">考核时限</td><td>60min</td><td>题　　型</td><td>A</td><td>题　　分</td><td>20</td></tr>
<tr><td colspan="2">试题正文</td><td colspan="5">安装上导托油盘</td></tr>
<tr><td colspan="2">需要说明的问题和要求</td><td colspan="5">1. 要求单独进行操作处理
2. 现场就地操作演示，不得触动其他设备
3. 注意安全，文明操作演示
4. 遵守进入发电机制度</td></tr>
<tr><td colspan="2">工具、材料、设备场地</td><td colspan="5">工具：活扳手、梅花扳手、手锤、机用螺丝刀、盘根刀、千斤顶、长丝杆手轮、专用长丝杆
材料：密封条、密封胶
量具：塞尺</td></tr>
<tr><td rowspan="6">评
分
标
准</td><td>序号</td><td colspan="5">操　作　步　骤　及　方　法</td></tr>
<tr><td>1</td><td colspan="5">盘车后，应立即检查托油盘和上机架的相对位置，如位置不合，可再盘车对正，以便安装</td></tr>
<tr><td>2</td><td colspan="5">托油盘安装前，应完成上导油槽的清扫和托油盘本身的清扫，安装时应仔细检查密封沟槽的情况，尤其是合缝面不应有凹下的现象。如略有凹下，应抹上密封胶再加密封条</td></tr>
<tr><td>3</td><td colspan="5">安装时，应用专用工具上的手轮螺母将托油盘拉上去后再上其余全部螺钉，在紧螺钉的过程中应检查托油盘和轴的间隙，最小间隙应不小于 0.5mm</td></tr>
<tr><td>质量要求</td><td colspan="5">检查托油盘和轴的间隙应不小于 0.5mm</td></tr>
<tr><td>得分或扣分</td><td colspan="5">1. 接合面未清理，扣 2 分
2. 密封条大小选取不合适，扣 3 分
3. 托油盘和轴的间隙不合适，扣 10 分
4. 密封胶用量不合适，扣 5 分
5. 相对位置未做记号，扣 5 分</td></tr>
</table>

编　　号	C54A009	行为领域	e	鉴定范围	1
考核时限	60min	题　　型	A	题　　分	20
试题正文	测量上导摆度				
需要说明的问题和要求	1. 要求单独进行操作处理 2. 现场就地操作演示，不得触动运行设备 3. 注意安全，文明操作演示 4. 遵守进入发电机制度 5. 在测上导运行摆度时百分表不得接地				
工具、材料、设备场地	量具：百分表（测杆有绝缘胶木）、手电筒				

评分标准	序号	操　作　步　骤　及　方　法
	1	将百分表表盒放在密封盖上
	2	用手将百分表按在表盒上使测头垂直于轴面与轴接触
	3	指针的摆幅就是主轴的摆度，应仔细观察
	质量要求	1. 取指针摆幅的中间值 2. 手持百分表应平稳
	得分或扣分	1. 指针摆幅读取不当，扣 10 分 2. 百分表接地，扣 5 分 3. 百分表不稳，扣 5 分

行业：电力工程　　工种：水轮发电机机械检修　　等级：初/中

编　　号	C54A010	行为领域	e	鉴定范围	1	
考核时限	60min	题　　型	A	题　　分	20	
试题正文	修配磁极键					
需要说明的问题和要求	1. 要求单独进行操作处理 2. 现场就地操作演示，不得触动运行设备 3. 注意安全，文明操作演示					
工具、材料、设备场地	工具：活扳手、刮刀、锉刀、台虎钳、平锤 材料：汽油、砂布 量具：游标卡尺					
评分标准	序号	操　作　步　骤　及　方　法				
	1	配键前，应用汽油、砂布等将两键结合面清扫干净并打光毛刺				
	2	将一对键按装配位置夹在台虎钳上，分别测量 5～10 点厚度				
	3	用刮刀、锉刀修理，使其厚度误差控制在 0.2mm 以内				
	质量要求	1. 厚度误差应控制在 0.2mm 以内 2. 符合制造厂提供的图纸要求				
	得分或扣分	1. 结合面未清扫干净、未打光毛刺，扣 5 分 2. 未按规定方法测量，扣 10 分 3. 其他项目未达质量要求，扣 5 分				

<table>
<tr><td>编　　号</td><td>C54A011</td><td>行为领域</td><td>f</td><td>鉴定范围</td><td>2</td></tr>
<tr><td>考核时限</td><td>60min</td><td>题　　型</td><td>A</td><td>题　　分</td><td>20</td></tr>
<tr><td>试题正文</td><td colspan="5">磁极拆卸</td></tr>
<tr><td>需要说明的问题和要求</td><td colspan="5">1. 要求单独进行操作处理
2. 现场就地操作演示，不得触动其他设备
3. 注意安全，文明操作演示</td></tr>
<tr><td>工具、材料、设备场地</td><td colspan="5">工具：千斤顶、拔键工具、专用吊具、扁铲、深度尺、白布条、木板条</td></tr>
</table>

<table>
<tr><td rowspan="8">评分标准</td><td>序号</td><td>操 作 步 骤 及 方 法</td></tr>
<tr><td>1</td><td>在磁极下部阻尼环处用千斤顶将磁极顶住以防止下坠</td></tr>
<tr><td>2</td><td>用挂于天车主钩上的拔键工具卡住挡块上的拔磁极键，以防止脱出伤人，应系上绳子拉住拔键工具</td></tr>
<tr><td>3</td><td>键拔之后，应立即编号保管，在磁极线圈上下端罩上护帽用钢丝绳绑扎妥当</td></tr>
<tr><td>4</td><td>吊起磁极，在吊得过程中严禁与定子相碰剐，取出磁极压簧、检查并清点</td></tr>
<tr><td>5</td><td>磁极放置在有木方的地面上</td></tr>
<tr><td>质量要求</td><td>符合工艺步骤</td></tr>
<tr><td>得分或扣分</td><td>1. 未系上绳子拉住拔键工具，扣 5 分
2. 未进行编号记录，扣 5 分
3. 未定牢千斤顶，扣 5 分
4. 磁极吊处后摆放不合理，扣 5 分</td></tr>
</table>

行业：电力工程　　工种：水轮发电机机械检修　　等级：中/高

编　　号		C43A012	行为领域	e	鉴定范围	2
考核时限		60min	题　　型	A	题　　分	20
试题正文		研磨镜板				
需要说明的问题和要求		1. 要求单独进行操作处理 2. 现场就地操作演示，不得触动运行设备 3. 注意安全，文明操作演示				
工具、材料、设备场地		工具、材料：研磨机、研磨瓦、毛毡、煤油、研磨膏、纯猪油、细绸、活扳手、透平油、天然油石、酒精、厚质细呢、钢板尺、金相砂纸				
评分标准	序号	操　作　步　骤　及　方　法				
	1	镜板镜面的研磨应在专门搭起的研磨棚内进行，以防止落下异物划伤镜面				
	2	镜板放在研磨机上应调整好镜板的中心和水平，镜板中心应与立轴中心一致				
	3	镜板水平应使驱动臂在其上、下活动余隙里，上不致把研磨瓦脱开，下不致碰到镜板表面。研磨板的研磨瓦在瓦面上包一层3mm厚毛毡，在外包厚质细呢，二者应分别绑扎牢靠，包妥的研磨瓦扣放在镜面上，固定在驱动臂上。镜板的抛光采用Cr_2O_3、M5～M10的研磨膏，按1:2的质量比配以煤油稀释，用细绸过滤后备用。在最后阶段，可用纯猪油（用细绸过滤），然后用透平油（用细绸过滤），以提高镜面的光亮度				
	质量要求	要连续研磨72h，镜面上的伤痕可先使用天然油石逆着旋转方向轻轻除去毛刺，然后清扫干净，进行研磨镜面的最后清扫应用纯净甲苯和无水酒精进行，镜面用细绸布擦净，镜面上抹纯猪油应待甲苯酒精完全挥发后进行				
	得分或扣分	1. 工器具准备不充分，扣5分 2. 项目未进行完全，扣10分 3. 未达到质量标准，扣5分				

行业：电力工程　　工种：水轮发电机机械检修　　等级：中/高

<table>
<tr><td colspan="2">编　号</td><td>C43A013</td><td>行为领域</td><td>e</td><td>鉴定范围</td><td>1</td></tr>
<tr><td colspan="2">考核时限</td><td>60min</td><td>题　型</td><td>A</td><td>题　分</td><td>20</td></tr>
<tr><td colspan="2">试题正文</td><td colspan="5">测量发电机空气间隙</td></tr>
<tr><td colspan="2">需要说明的问题和要求</td><td colspan="5">1. 要求单独进行操作处理
2. 现场就地操作演示
3. 遵守进入发电机制度
4. 注意安全，文明操作演示</td></tr>
<tr><td colspan="2">工具、材料、设备场地</td><td colspan="5">量具：楔形塞块、游标卡尺、计算器
材料：铅油（或粉笔）</td></tr>
<tr><td rowspan="5">评分标准</td><td>序号</td><td colspan="5">操 作 步 骤 及 方 法</td></tr>
<tr><td>1</td><td colspan="5">测量时，先在塞块斜面薄薄的抹上一层铅油，然后插入定子铁芯和转子磁板中部之间，以一定的力量压紧，以确认塞块恰好留有接触印迹为好，拔出后用游标卡尺测量斜面刻痕处的厚度，即为该处的气隙</td></tr>
<tr><td>2</td><td colspan="5">永磁机、辅助发电机、发电机气隙（上、下）各测 16 点，励磁机（上、下）测 14 点，记录好各点的数值，然后用计算器把各部位的平均气隙算出来</td></tr>
<tr><td>质量要求</td><td colspan="5">发电机各点气隙和平均气隙之差不超过平均气隙的±8%</td></tr>
<tr><td>得分或扣分</td><td colspan="5">1. 工器具准备不充分，扣 5 分
2. 项目未进行完全，扣 5 分
3. 测量不准确，扣 5 分
4. 计算不准确，扣 5 分</td></tr>
</table>

行业：电力工程　　工种：水轮发电机机械检修　　等级：中/高

<table>
<tr><td>编　　号</td><td>C43A014</td><td>行为领域</td><td>e</td><td>鉴定范围</td><td>1</td></tr>
<tr><td>考核时限</td><td>60min</td><td>题　　型</td><td>A</td><td>题　　分</td><td>20</td></tr>
<tr><td colspan="2">试题正文</td><td colspan="4">液压支柱式推力轴承的受力调整</td></tr>
<tr><td colspan="2">需要说明的问题和要求</td><td colspan="4">1. 要求单独进行操作处理
2. 现场就地操作演示，不得触动其他设备
3. 注意安全，文明操作演示
4. 推力轴承受力调整应在水导轴瓦安装就位，上导轴承定中心，瓦间隙调整完毕之后进行</td></tr>
<tr><td colspan="2">工具、材料、设备场地</td><td colspan="4">工具：梅花扳手、手锤、专用扳手、顶转子油泵、测杆
量具：百分表</td></tr>
<tr><td rowspan="8">评分标准</td><td>序号</td><td colspan="4">操 作 步 骤 及 方 法</td></tr>
<tr><td>1</td><td colspan="4">设置百分表、表座和测杆，测杆拧在油箱的保护套上，将百分表对“0”，百分表表座吸在推力轴承底座上，百分表的测头与测杆相垂直</td></tr>
<tr><td>2</td><td colspan="4">顶起（或落下）转子直至推力轴瓦和镜板脱开，表值不再动，此时百分表的示值即表示油箱的伸长量</td></tr>
<tr><td>3</td><td colspan="4">记录每个油箱的伸长量，相应的把伸长量过大（或过小）的油箱抗重螺栓往下拧（或上拧）进行调整</td></tr>
<tr><td>4</td><td colspan="4">重复进行测量和调整，直至所有油箱变形值的最大差值在0.2mm以内</td></tr>
<tr><td>5</td><td colspan="4">受力调整完毕后，应将抗重螺栓锁定板装妥，固定螺钉封上封垫，并将油箱的保护套与油箱底座圈的间隙调整至符合设计要求，用顶丝加以固定</td></tr>
<tr><td>质量要求</td><td colspan="4">1. 所有油箱变形值的最大差值在0.2mm以内
2. 油箱的保护套与油箱底座圈的间隙调整至符合设计要求，用顶丝加以固定</td></tr>
<tr><td>得分或扣分</td><td colspan="4">1. 工器具准备不充分，扣5分
2. 调整方向不正确，扣5分
3. 抗重螺栓调整量不正确，扣5分
4. 项目未进行完全，扣5分</td></tr>
</table>

行业：电力工程　　工种：水轮发电机机械检修　　等级：中/高

编　　号	C43A015	行为领域	d	鉴定范围	2
考核时限	60min	题　　型	A	题　　分	20
试题正文	在工件上钻 1 个 $\phi10$ 的孔				
需要说明的问题和要求	1. 要求单独进行操作处理 2. 现场就地操作演示，不得触动其他设备 3. 注意安全，文明操作演示				
工具、材料、设备场地	工具：钻头、眼冲、手锤 材料：供钻孔用的工件、油壶				

评分标准		
	序号	操作步骤及方法
	1	做好钻孔前的检查工作
	2	操作钻床时衣袖要扎紧，戴好工作帽
	3	不能用手直接清除切屑，以防划手
	4	严禁戴手套，以防钻头把手卷入造成事故
	5	装卸工作、检查钻头及钻孔时，必须停钻
	6	使用自动走刀钻孔孔快通时，应停止自动走
	质量要求	1. 孔径符合要求 2. 孔表面光滑，无毛刺
	得分或扣分	1. 孔径不符合要求，扣 5 分 2. 着装不规范，扣 5 分 3. 钻床操作不规范，扣 5 分 4. 孔表面有不光滑等现象，扣 5 分

行业：电力工程　　工种：水轮发电机机械检修　　等级：中/高

编　　号	C43A016	行为领域	e	鉴定范围	1
考核时限	120min	题　　型	A	题　　分	20
试题正文	推力瓦的修刮				
需要说明的问题和要求	1. 要求单独进行操作处理 2. 现场就地操作演示 3. 注意安全，文明操作演示 4. 修刮以对轴瓦表面局部磨平处的修刮为重点，普遍刮花为辅 5. 刮瓦时宜选用弹簧刮刀				
工具、材料、设备场地	工具：弹簧刮刀、油石、油壶 材料：酒精、白布				
评分标准	序号	操　作　步　骤　及　方　法			
	1	刮瓦前先检查瓦面有无硬点或坑孔			
	2	对局部硬点必须剔出，坑孔边缘应修刮成坡弧			
	3	刀花宜选用三角形刀花，刮瓦时应掌握好刀花的方向，为使瓦面产生较好的油膜，刮瓦时操作者应站在油边的对面，前后两次刀迹宜按90°控制			
	4	刀花的大小可按每个面积 0.15～0.25cm^2 掌握。刀花深度最深处约0.03～0.05mm，深度应以局部磨平区略深，其余地方略浅，刀花应为缓弧，其边缘无毛刺或棱角			
	5	单位面积上的点数按不少于 2～3 点/cm^2 掌握			
	6	轴瓦的进油边楔斜面应平滑过渡，边缘 10～15mm 范围内比瓦面低0.5mm，进油边应光滑无毛刺，边缘的圆角不应小于 $R2$ 刚性支柱式推力瓦可在支柱螺栓周围占总面积 1/3～1/2 的部位，先刮低 0.01～0.02mm，然后再缩小范围，以另一个方向再刮低 0.01～0.02mm。无支柱螺栓的轴瓦可不刮低			
	7	如轴瓦油花基本完好，可仅进行局部增补刮花；如轴瓦表面磨损较严重，应在增补刮花的基础上再分格刮一遍花，分格的大小以 1cm×1cm 或略大			
	8	对于新轴瓦必须经过粗刮、刮平、中部刮低和分格刮花 4 个阶段方可保证轴瓦的质量			
	质量要求	1. 刀花的大小可按每个面积 0.15～0.25cm^2 掌握 2. 刀花深度最深处约 0.03～0.05mm，深度应以局部磨平区略深，其余地方略浅，刀花应为缓弧，其边缘无毛刺或棱角 3. 单位面积上的点数按 2～3 点/cm^2 掌握			
	得分或扣分	1. 工器具准备不充分，扣 5 分 2. 刀花不规范，扣 5 分 3. 刀花深度及面积不规范，扣 5 分 4. 刮瓦其他项目未进行完全，扣 5 分			

4.2.2 多项操作

行业：电力工程　　工种：水轮发电机机械检修　　等级：初/中

<table>
<tr><td colspan="2">编　　号</td><td>C54B017</td><td>行为领域</td><td>d</td><td>鉴定范围</td><td>2</td></tr>
<tr><td colspan="2">考核时限</td><td>120min</td><td>题　　型</td><td>B</td><td>题　　分</td><td>30</td></tr>
<tr><td colspan="2">试题正文</td><td colspan="5">装配轴承</td></tr>
<tr><td colspan="2">需要说明的问题和要求</td><td colspan="5">1. 要求单独进行操作处理
2. 现场就地操作演示，不得触动运行设备
3. 注意安全，文明操作演示</td></tr>
<tr><td colspan="2">工具、材料、设备场地</td><td colspan="5">工具：铜棒、手锤、板锉、游标卡尺
材料：黄油、砂纸</td></tr>
<tr><td rowspan="7">评分标准</td><td>序号</td><td colspan="5">操　作　步　骤　及　方　法</td></tr>
<tr><td>1</td><td colspan="5">用游标卡尺测量轴承内径和轴外径使其达到配合的要求；轴承与轴有一定过盈，过盈量按配合要求定</td></tr>
<tr><td>2</td><td colspan="5">消除缺陷</td></tr>
<tr><td>3</td><td colspan="5">使用手锤敲打轴承时要先用铜棒轻敲轴承，并且力要作用在内环上</td></tr>
<tr><td>4</td><td colspan="5">敲打时应四周均匀用力，渐渐打入</td></tr>
<tr><td>质量要求</td><td colspan="5">1. 测量准确
2. 轴头毛刺打磨、涂黄油
3. 先用铜棒轻敲轴承，并且力要作用在内环上
4. 四周均匀用力，渐渐打入</td></tr>
<tr><td>得分或扣分</td><td colspan="5">1. 测量不准确，扣 10 分
2. 未将轴头毛刺打磨、涂黄油，扣 5 分
3. 用力不均匀，扣 5 分
4. 直接用手锤敲打轴承，扣 10 分</td></tr>
</table>

行业：电力工程　　工种：水轮发电机机械检修　　　等级：初/中

<table>
<tr><td>编　　号</td><td>C54B018</td><td>行为领域</td><td>d</td><td>鉴定范围</td><td>2</td></tr>
<tr><td>考核时限</td><td>120min</td><td>题　　型</td><td>B</td><td>题　　分</td><td>30</td></tr>
<tr><td>试题正文</td><td colspan="5">用手拉葫芦吊装阀门</td></tr>
<tr><td>需要说明的问题和要求</td><td colspan="5">1. 要求单独进行操作处理
2. 现场就地操作演示，不得触动运行设备
3. 注意安全，文明操作演示</td></tr>
<tr><td>工具、材料、设备场地</td><td colspan="5">工具：1t 及 2t 的手拉葫芦、钢丝绳、卡扣
材料：阀门</td></tr>
<tr><td rowspan="4">评
分
标
准</td><td>序号</td><td colspan="4">操 作 步 骤 及 方 法</td></tr>
<tr><td>1
2
3
4
5
6</td><td colspan="4">先观察了解所吊装阀门的位置和重量
确定吊点和手拉葫芦规格
在吊点位置安装手拉葫芦
用钢丝绳捆扎阀门
连接钢丝绳与手拉葫芦
缓慢的轻扶阀门将其吊起</td></tr>
<tr><td>质量要求</td><td colspan="4">1. 吊点选取合适
2. 手拉葫芦规格选取合适</td></tr>
<tr><td>得分或扣分</td><td colspan="4">1. 未观察所吊装阀门的位置和质量，扣 5 分
2. 确定吊点不合适，扣 5 分
3. 手拉葫芦规格不合适，扣 5 分
4. 钢丝绳捆扎阀门不合理，扣 5 分
5. 起吊方法不合理或速度太快，扣 5 分
6. 在工作中未强调他人安全，扣 5 分</td></tr>
</table>

行业：电力工程　　工种：水轮发电机机械检修　　等级：中/高

编　　号	C43B019	行为领域	e	鉴定范围	1
考核时限	120min	题　　型	B	题　　分	30
试题正文	方形水平仪测量工件的水平并加垫调平				
需要说明的问题和要求	1. 要求单独进行操作处理 2. 现场就地操作演示，不得触动运行设备 3. 注意安全，文明操作演示 4. 必须用方形水平仪				
工具、材料、设备场地	量具：记号笔、卷尺、方形水平仪、钢板尺 材料：垫板、楔形板、清洗剂等				

评分标准	序号	操作步骤及方法
	1	对测量面进行清扫，初步检查方形水平仪测量精度
	2	先按工作对称方向用方形水平仪测量
	3	进行数据记录、计算，然后进行加垫调平
	4	调平到工件水平达到符合设计要求为准
	5	用精度为0.02mm/m格的方形水平仪，测得一表面使气泡移动了3.5格，已知该物体长1.5m，则加垫厚度H=0.02×3.5×1.5=0.105（mm）
	质量要求	1. 测量面清扫干净 2. 了解方形水平仪的性能、正确掌握其精度 3. 测量准确 4. 计算准确 5. 数据记录正确 6. 加垫方向判断正确
	得分或扣分	1. 精度掌握不正确，扣5分 2. 测量面清扫不干净，扣5分 3. 测量不准确，扣5分 4. 计算不准确，扣5分 5. 数据记录不正确，扣5分 6. 加垫方向判断不正确，扣5分

行业：电力工程　　工种：水轮发电机机械检修　　等级：中/高

<table>
<tr><td>编　　号</td><td>C43B020</td><td>行为领域</td><td>d</td><td>鉴定范围</td><td>2</td></tr>
<tr><td>考核时限</td><td>120min</td><td>题　　型</td><td>B</td><td>题　　分</td><td>30</td></tr>
<tr><td>试题正文</td><td colspan="5">DN25 镀锌管的下料及套丝</td></tr>
<tr><td>需要说明的问题和要求</td><td colspan="5">1. 要求单独进行操作处理
2. 现场就地操作演示，不得触动运行设备
3. 注意安全，文明操作演示</td></tr>
<tr><td>工具、材料、设备场地</td><td colspan="5">工具：钢锯、工作台虎钳、板牙、板牙架（带丝架、带丝板牙）
量具：钢板尺、卷尺、游标卡尺
材料：DN25 镀锌钢管、润滑油</td></tr>
</table>

<table>
<tr><td rowspan="8">评分标准</td><td>序号</td><td>操 作 步 骤 及 方 法</td></tr>
<tr><td>1</td><td>下料：先用钢锯把 DN25 钢管锯下 160mm 长，用钢板尺测量</td></tr>
<tr><td>2</td><td>在管子两端套丝扣各 15mm，套丝时要注意管螺纹的直径，以选取合适的板牙</td></tr>
<tr><td>3</td><td>将套丝的坯杆端部倒成 45°，以便于板牙找正</td></tr>
<tr><td>4</td><td>将坯杆夹持在台虎钳中间，工件不要露出过长，以免变形</td></tr>
<tr><td>5</td><td>套丝时要用力均匀，并且板牙架要保持平衡，套丝时加注合适的冷却润滑油</td></tr>
<tr><td>质量要求</td><td>1. 测量准确
2. 计算准确
3. 套丝时加注合适的冷却润滑油
4. 丝扣光滑、无毛刺</td></tr>
<tr><td>得分或扣分</td><td>1. 套丝的坯杆端部未倒角，扣 5 分
2. 测量不准确，扣 5 分
3. 套丝时未加注合适的冷却润滑油，扣 5 分
4. 计算不准确，扣 5 分
5. 丝扣有不光滑、毛刺等现象，扣 10 分</td></tr>
</table>

行业：电力工程　　工种：水轮发电机机械检修　　等级：中/高

<table>
<tr><td colspan="2">编　　号</td><td>C43B021</td><td>行为领域</td><td>d</td><td>鉴定范围</td><td>2</td></tr>
<tr><td colspan="2">考核时限</td><td>120min</td><td>题　　型</td><td>B</td><td>题　　分</td><td>30</td></tr>
<tr><td colspan="2">试题正文</td><td colspan="5">制作一个长 300mm，宽 200mm，高 50mm 的油盆</td></tr>
<tr><td colspan="2">需要说明的问题和要求</td><td colspan="5">1. 要求单独进行操作处理
2. 现场就地操作演示，不得触动其他设备
3. 注意安全，文明操作演示</td></tr>
<tr><td colspan="2">工具、材料、设备场地</td><td colspan="5">工具：铁皮剪刀、手锤、木锤、扁铲、手虎钳（克丝钳）、工作台
量具：钢板尺、划针
材料：0.75mm 厚铁皮，0.5mm 厚铁皮，8 号铁丝</td></tr>
<tr><td rowspan="7">评分标准</td><td>序号</td><td colspan="5">操　作　步　骤　及　方　法</td></tr>
<tr><td>1</td><td colspan="5">先测量选取 0.75mm 厚的铁皮，然后下料</td></tr>
<tr><td>2</td><td colspan="5">用划针划线，下一块 320×420mm 铁皮，用铁皮剪刀剪下来，再按油盆的尺寸划线下料，完成下料后再开始做油盆</td></tr>
<tr><td>3</td><td colspan="5">用木锤把四边结合面咬紧</td></tr>
<tr><td>4</td><td colspan="5">把四面的边线用 8 号铁丝包上锁好</td></tr>
<tr><td>质量要求</td><td colspan="5">1. 铁皮厚度应选取合适，为 0.75mm 厚的铁皮
2. 外观光滑、美观
3. 下料计算准确
4. 无毛刺
5. 油盆无渗漏</td></tr>
<tr><td>得分或扣分</td><td colspan="5">1. 铁皮厚度选取不合适，扣 2 分
2. 外观不光滑、不美观，扣 3 分
3. 油盆尺寸与要求偏差较大，扣 5 分
4. 下料计算不准确，扣 5 分
5. 油盆有毛刺，扣 5 分
6. 未用 8 号铁丝包上锁好，扣 5 分
7. 油盆渗漏，扣 5 分</td></tr>
</table>

行业：电力工程　　工种：水轮发电机机械检修　　等级：中/高

编　　号		C43B022	行为领域	e	鉴定范围	1	
考核时限		120min	题　　型	B	题　　分	30	
试题正文		减压阀的检修					
需要说明的问题和要求		1. 要求单独进行操作处理 2. 现场就地操作演示，不得触动运行设备 3. 注意安全，文明操作演示 4. 做好预防跑水的措施					
工具、材料、设备场地		工具：手锤、活扳手、扁铲、锉刀、梅花扳手、机用螺丝刀、钢丝刷 量具：游标卡尺、钢板尺 材料：胶皮板、502胶、盘根、砂布、油漆					
评分标准	序号	操作步骤及方法					
	1	应先拆下减压阀，然后进行清扫					
	2	分解检查阀杆、阀套，应无严重磨损、发卡等现象，检查阀头密封胶板是否完好					
	3	检查压环固定是否可靠，止口平整，止口应清扫修理无毛刺，更换新垫，达到设计要求标准					
	4	减压阀机件完好无严重磨损锈蚀					
	5	阀杆、阀壳内清扫刷上防锈漆，组装阀头转动灵活，不发卡，密封面应完好					
	6	阀门打关灵活、无渗漏，盘根无渗漏					
	质量要求	1. 阀门各部清扫干净 2. 阀门操作机构开关动作灵活 3. 阀门密封面无渗漏 4. 阀门盘根无渗漏					
	得分或扣分	1. 阀门各部清扫不干净，扣5分 2. 止口毛刺未清扫修理，扣5分 3. 阀门操作机构不灵活，扣5分 4. 阀门密封面渗漏，扣5分 5. 阀门盘根渗漏，扣5分 6. 阀杆、阀壳内未刷上防锈漆，扣5分					

行业：电力工程　　工种：水轮发电机机械检修　　等级：中/高

<table>
<tr><td colspan="2">编　　号</td><td>C43B023</td><td>行为领域</td><td>e</td><td>鉴定范围</td><td>1</td></tr>
<tr><td colspan="2">考核时限</td><td>120min</td><td>题　　型</td><td>B</td><td>题　　分</td><td>30</td></tr>
<tr><td colspan="2">试题正文</td><td colspan="5">上导轴瓦的修刮</td></tr>
<tr><td colspan="2">需要说明的问题和要求</td><td colspan="5">1. 要求单独进行操作处理
2. 现场就地操作演示，不得触动运行设备
3. 注意安全，文明操作演示
4. 要求用专用的刮刀</td></tr>
<tr><td colspan="2">工具、材料、设备场地</td><td colspan="5">工具：刮刀、油石、油壶
材料：毛巾、白布、酒精、白洁布</td></tr>
<tr><td rowspan="4">评
分
标
准</td><td>序号</td><td colspan="5">操 作 步 骤 及 方 法</td></tr>
<tr><td>1
2
3

4
5</td><td colspan="5">刮瓦前将瓦面用酒精清洗干净
刮瓦前先检查瓦面有无硬点或坑孔，对局部硬点必须剔出
坑孔边缘应刮成坡弧，刀花宜选用三角形刀花，刮瓦时掌握刀花的方向，刀花的大小可按每个面积 0.15～0.25mm^2 掌握，刀花深度局部硬点最深约 0.03～0.05mm，深度以局部磨平区略深，其余地区略浅
刀花应为缓弧，其边缘无毛刺或棱角
上导轴瓦刮瓦按 1～2 点/cm^2 掌握</td></tr>
<tr><td>质量要求</td><td colspan="5">1. 瓦面清洗干净
2. 修刮时动作正确规范、流畅
3. 瓦面平整局部无硬点
4. 刀花深度一致，坑孔边缘成坡弧，刀花呈三角形刀花
5. 刀花边缘无毛刺或棱角
6. 上导轴瓦刮瓦按 1～2 点/cm^2 掌握，瓦的接触面积达到整块瓦面积的 85%以上，局部不接触面积不大于整个面积的 5%</td></tr>
<tr><td>得分或扣分</td><td colspan="5">1. 瓦面清洗不干净，扣 5 分
2. 瓦面不平整局部有硬点，扣 5 分
3. 刀花不正确或不规范，扣 5 分
4. 刀花边缘有毛刺或棱角，扣 5 分
5. 单位面积上刀花点数多或少，接触面积不符合，扣 5 分
6. 修刮时动作不规范、较费力，扣 5 分</td></tr>
</table>

行业：电力工程　　工种：水轮发电机机械检修　　等级：中/高

<table>
<tr><td>编　号</td><td>C43B024</td><td>行为领域</td><td>e</td><td>鉴定范围</td><td>1</td></tr>
<tr><td>考核时限</td><td>120min</td><td>题　型</td><td>B</td><td>题　分</td><td>30</td></tr>
<tr><td>试题正文</td><td colspan="5">检查推力冷却器</td></tr>
<tr><td>需要说明的问题和要求</td><td colspan="5">1. 要求单独进行操作处理
2. 现场就地操作演示，不得触动运行设备
3. 注意安全，文明操作演示
4. 做好预防跑水的措施</td></tr>
<tr><td>工具、材料、设备场地</td><td colspan="5">工具：活扳手、梅花扳手、千丝棍、洗衣盆、试压泵
量具：压力表
材料：胶皮垫、生胶带、螺栓、螺帽、阀门、胶皮管、铁丝</td></tr>
</table>

<table>
<tr><td rowspan="7">评分标准</td><td>序号</td><td>操作步骤及方法</td></tr>
<tr><td>1</td><td>先安装两个法兰，上法兰是堵头法兰，下法兰中心孔处装有进水控制阀、排水压力表</td></tr>
<tr><td>2</td><td>在水源打开前，先把堵头法兰打开使推力冷却器内部进行排气</td></tr>
<tr><td>3</td><td>水源开，进水阀开，排水关</td></tr>
<tr><td>4</td><td>推力冷却器水满排气后，把堵头拧上，再看压力表水压达到要求时立即关进水阀，然后关水源，推力冷却器单个水压试验符合要求无渗漏</td></tr>
<tr><td>质量要求</td><td>1. 推力冷却器打开排气
2. 推力冷却器水满排气后 0.5h 无渗漏
3. 推力冷却器单个水压试验，设计无规定时，试验压力一般为工作压力的 2 倍，但不低于 0.4MPa</td></tr>
<tr><td>得分或扣分</td><td>1. 工器具准备不全，扣 5 分
2. 未清洗推力冷却器内、外的漆皮及锈垢，扣 5 分
3. 推力冷却器未打开排气，扣 5 分
4. 推力冷却器水满排气后渗漏，扣 5 分
5. 推力冷却器未达到单个试验水压要求，扣 10 分</td></tr>
</table>

行业：电力工程　　工种：水轮发电机机械检修　　等级：中/高

<table>
<tr><td>编　　号</td><td colspan="2">C04B025</td><td>行为领域</td><td>e</td><td>鉴定范围</td><td>1</td></tr>
<tr><td>考核时限</td><td colspan="2">120min</td><td>题　　型</td><td>B</td><td>题　　分</td><td>30</td></tr>
<tr><td>试题正文</td><td colspan="6">发电机内一段消防水管配置</td></tr>
<tr><td>需要说明的问题和要求</td><td colspan="6">1. 要求单独进行操作处理
2. 现场就地操作演示，不得触动运行设备
3. 注意安全，文明操作演示</td></tr>
<tr><td>工具、材料、设备场地</td><td colspan="6">工具：活扳手、梅花扳手、管钳、套丝机
材料：胶皮垫、毛毡、锁片</td></tr>
<tr><td rowspan="9">评分标准</td><td>序号</td><td colspan="5">操　作　步　骤　及　方　法</td></tr>
<tr><td>1</td><td colspan="5">检查管内壁，应清理干净无杂物</td></tr>
<tr><td>2</td><td colspan="5">布置管路路线，测量管距，下料，套丝、管道安装</td></tr>
<tr><td>3</td><td colspan="5">消防水管中间接头应先将背帽退后，再将丝扣管向螺纹方向退下，即可分开</td></tr>
<tr><td>4</td><td colspan="5">消防水管螺纹不缠抹密封材料，但法兰结合面要加胶皮垫，管卡应固定牢固</td></tr>
<tr><td>5</td><td colspan="5">管卡螺帽应用锁片锁妥，各喷水孔方向正确，喷孔通畅</td></tr>
<tr><td>6</td><td colspan="5">固定消防水管的管夹子固定牢固</td></tr>
<tr><td>质量要求</td><td colspan="5">1. 清洁无杂物
2. 管路路线布置合理、美观
3. 消防水管固定牢固，管卡螺帽锁片锁妥
4. 消防水管喷孔方向正确、通畅，法兰结合面无渗漏</td></tr>
<tr><td>得分或扣分</td><td colspan="5">1. 管路内外未清扫，扣 5 分
2. 管路路线布置不合理、不美观，扣 5 分
3. 消防水管的管夹子固定不牢固，扣 5 分
4. 消防水管松动，管卡螺帽锁片未锁妥，扣 5 分
5. 消防水管喷孔、法兰结合面渗漏，扣 10 分</td></tr>
</table>

行业：电力工程　　工种：水轮发电机机械检修　　等级：中/高

<table>
<tr><td colspan="2">编　　号</td><td>C04B026</td><td>行为领域</td><td>e</td><td>鉴定范围</td><td>1</td></tr>
<tr><td colspan="2">考核时限</td><td>120min</td><td>题　　型</td><td>B</td><td>题　　分</td><td>30</td></tr>
<tr><td colspan="2">试题正文</td><td colspan="5">更换滤水器的滤网（根据各厂情况，视不同的滤水器而定）</td></tr>
<tr><td colspan="2">需要说明的问题和要求</td><td colspan="5">1. 要求单独进行操作处理
2. 现场就地操作演示，不得触动运行设备
3. 注意安全，文明操作演示</td></tr>
<tr><td colspan="2">工具、材料、设备场地</td><td colspan="5">工具：活扳手、手锤、梅花扳手、死扳手、机用螺丝刀、剪刀
量具：钢板尺、卷线、地规、游标卡尺
材料：胶皮条、胶皮板、锯条、胶水（502、609）</td></tr>
<tr><td rowspan="7">评
分
标
准</td><td>序号</td><td colspan="5">操　作　步　骤　及　方　法</td></tr>
<tr><td>1</td><td colspan="5">过滤器检修可分解上盖，吊出滤罩，再把滤罩清扫干净后取下滤网，更换新的滤网，滤网网眼要按设计要求，不能网眼过小或过大，禁止堵塞，应清理干净</td></tr>
<tr><td>2</td><td colspan="5">把滤网装上，应牢固可靠，过滤器内壁和滤罩应刷二度防锈漆，要求漏网完好，切换容易</td></tr>
<tr><td>3</td><td colspan="5">上盖密封严密良好，无渗漏</td></tr>
<tr><td>4</td><td colspan="5">按安装程序进行回装，并检查螺栓紧固量</td></tr>
<tr><td>质量要求</td><td colspan="5">1. 滤罩内、外清扫干净
2. 滤网网眼要符合设计要求无堵塞
3. 滤网安装牢固、可靠，切换灵活
4. 过滤器内壁和滤罩应刷二度防锈漆
5. 上盖密封严密良好，无渗漏</td></tr>
<tr><td>得分或扣分</td><td colspan="5">1. 滤罩内、外清扫不干净，扣5分
2. 过滤器内壁和滤罩未刷防锈漆，扣5分
3. 滤网网眼堵塞，扣5分
4. 安装不牢固、切换不灵活，扣5分
5. 上盖密封渗漏，扣5分
6. 未检查螺栓紧固量，扣5分</td></tr>
</table>

行业：电力工程　　工种：水轮发电机机械检修　　等级：中/高

编　　号	C04B027	行为领域	e	鉴定范围	1
考核时限	120min	题　　型	B	题　　分	30
试题正文	水系统主要阀门的检修				
需要说明的问题和要求	1. 要求单独进行操作处理 2. 现场就地操作演示，不得触动运行设备 3. 注意安全，文明操作演示 4. 做好预防跑水的措施				
工具、材料、设备场地	工具：活扳手、梅花扳手、死扳手、手锤、锉刀、机用螺丝刀、千丝棍、毛刷 材料：螺丝、螺帽、胶皮板、胶皮条、石棉板、盘根、黄油、油漆 量具：游标卡尺、卷尺、钢板尺				

评分标准	序号	操作步骤及方法
	1	主要阀门01阀、02阀、03阀、减压阀、05阀、06阀、07阀、08阀、10阀分解前停水措施要做好，然后分解主要水阀门
	2	在检修阀门中，要检查阀杆是否完好，与盘根接触部位应光滑
	3	应对阀壳内壁、阀头刷二度防锈漆，密封面、结合面不准刷漆
	4	装填盘根要层层加入，两层盘根剪口应错开，装填后要有一定的压紧量
	5	操作灵活，阀口严密，密封良好无渗漏
	质量要求	1. 分解前做好停水措施 2. 阀门操作灵活 3. 阀壳内壁、阀头刷二度防锈漆 4. 装填盘根方法正确 5. 阀口严密，密封良好无渗漏
	得分或扣分	1. 分解前未做好停水措施，扣5分 2. 阀壳内壁、阀头未刷防锈漆，扣5分 3. 装填盘根不正确，扣5分 4. 阀门操作不灵活，扣10分 5. 阀口渗漏，扣5分

行业：电力工程　　工种：水轮发电机机械检修　　等级：高/技师

编　　号	C32B028	行为领域		e	鉴定范围		1
考核时限	120min	题　　型		B	题　　分		30
试题正文	分析风机轴承发热的原因并进行处理						
需要说明的问题和要求	1. 要求单独进行操作处理 2. 现场就地操作演示，不得触动运行设备 3. 注意安全，文明操作演示						
工具、材料、设备场地	工具：手锤、活扳手、梅花扳手、机用螺丝刀、拔力器、千斤顶 量具：钢板尺、木塞尺、卷尺、游标卡尺 材料：黄油、砂布（润滑油）、皮带（橡胶皮带）						
评分标准	序号	操　作　步　骤　及　方　法					
	1	原因查找，检查轴承润滑油油量及油质、风箱内介质温度，轴承是否松动、滚动轴承部件是否有裂纹、破损、剥落，轴承间隙是否过小，机壳与机体是否碰擦（间隙过小），皮带是否松动或不均匀					
	2	原因找到后应马上进行检修，更换轴承					
	3	同时对轴承进行清扫干净，加润滑油，风箱内介质温度调整好，轴承间隙调正					
	4	机壳与机体间隙调均匀，符合设计要求					
	5	在工作结束前皮带调整合适，安装保护罩					
	质量要求	1. 轴承润滑油油量及油质符合要求 2. 风机轴承温度符合要求 3. 轴承间隙符合要求 4. 皮带调整合适、安装保护罩牢固 5. 进行试运行后正常					
	得分或扣分	1. 轴承未按要求进行清扫干净，扣5分 2. 轴承润滑油油量及油质不符合要求，扣5分 3. 风机轴承温度不符合要求，扣5分 4. 轴承间隙不符合要求，扣5分 5. 皮带调整不合适，保护罩安装不牢固，扣5分 6. 未进行试运行，扣5分					

行业：电力工程　　工种：水轮发电机机械检修　　等级：高/技师

编　　号		C32B029	行为领域	e	鉴定范围	1
考核时限		120min	题　　型	B	题　　分	30
试题正文		风闸检查及更换闸瓦				
需要说明的问题和要求		1. 要求单独进行操作处理 2. 现场就地操作演示，不得触动运行设备 3. 注意安全，文明操作演示 4. 停机措施到位后方可进行				
工具、材料、设备场地		工具：活扳手、梅花扳手、手锤、楔形木塞尺、游标卡尺、粉笔、盘根刀 材料：胶皮条、新闸瓦、502胶				
评分标准	序号	操　作　步　骤　及　方　法				
	1	检查风闸与制动环间隙				
	2	检查风闸动作是否灵活（上下灵活）				
	3	关闭风源，拆除风闸管路前，先对风闸本体、风闸固定螺钉及闸瓦夹板检查				
	4	挡条的固定应紧固无松动，风闸闸瓦应完整无裂纹和严重翘曲				
	5	闸瓦高出挡条不得小于8mm，大修后高出不得小于15mm，否则更换闸瓦				
	6	拆除活动夹持板挡条，抽出闸瓦				
	7	安装新闸瓦				
	8	检查新闸瓦边缘沟槽与挡条夹持板配合是否合适，然后安装活动夹持板挡条，紧固螺栓				
	9	风闸动作试验，检查风闸管路有无漏风现象				
	质量要求	1. 风闸与制动环间隙8～12mm 2. 风闸动作灵活 3. 挡条紧固无松动、闸瓦无裂纹、翘曲 4. 闸瓦高出挡条不得小于8～15mm 5. 风闸管路无漏风现象				
	得分或扣分	1. 风闸与制动环间隙不符合要求，扣5分 2. 未对风闸本体、风闸固定螺钉及闸瓦夹板检查，扣5分 3. 风闸动作不灵活，扣5分 4. 未处理挡条松动，闸瓦有裂纹、翘曲的缺陷，扣5分 5. 未检查风闸管路有无漏风现象，扣5分 6. 闸瓦与挡条的高差小于8～15mm，扣5分				

行业：电力工程　　工种：水轮发电机机械检修　　等级：高/技师

编　　号	C32B030	行为领域	e	鉴定范围	1
考核时限	120min	题　　型	B	题　　分	30
试题正文	推力头安装				
需要说明的问题和要求	1. 要求单独进行操作处理 2. 现场就地操作演示，不得触动运行设备 3. 注意安全，文明操作演示				
工具、材料、设备场地	工具：螺旋千斤顶、活扳手、消防器材 量具：点式测温计、水平尺、内径千分尺 材料：白布、酒精、石墨、石棉布等				

评分标准	序号	操作步骤及方法
	1	把推力头清扫干净水平放置在上垫石棉布的支墩上用电炉进行加温，加温时温升控制在15～20℃/h，当温度达到60～80℃时，保温2h
	2	清扫轴面装上推力头键，在轴面和键侧面抹上石墨，清扫镜板上表面。吊起推力头、找平、进一步清扫推力头的内孔，抹上石墨，清扫推力头的底部，将推力头吊起
	3	缓缓套入轴上等推力头落位后，检查与镜板间应有2mm以上的间隙，如发现间隙太小甚至没有间隙时，应立即启动油泵顶起转子，使推力头下落就位，当推力头和镜板之间的间隙大于2mm时即可停泵，将风闸千斤顶螺杆向上拧靠在风闸托板处即可排去压力
	质量要求	1. 推力头按规定的要求加温 2. 镜板上表面、推力头的底部清扫干净 3. 推力头与轴之间无毛刺、拉伤 4. 转子顶起后风闸千斤顶拧靠在风闸托板处 5. 推力头落位后检查与镜板间应有2mm以上的间隙
	得分或扣分	1. 未清扫轴面和键侧面，扣3分 2. 未抹上石墨，扣2分 3. 推力头未按规定的要求加温，扣5分 4. 推力头与轴之间有毛刺、拉伤，扣5分 5. 推力头落位后检查与镜板间隙不合适，扣5分 6. 镜板上表面、推力头的底部清扫不干净，扣5分 7. 转子顶起后风闸千斤顶未拧靠在风闸托板处，扣5分

行业：电力工程　　工种：水轮发电机机械检修　　等级：高/技师

<table>
<tr><td colspan="2">编　　号</td><td>C32B031</td><td>行为领域</td><td>e</td><td>鉴定范围</td><td>1</td></tr>
<tr><td colspan="2">考核时限</td><td>120min</td><td>题　　型</td><td>B</td><td>题　　分</td><td>30</td></tr>
<tr><td colspan="2">试题正文</td><td colspan="5">机组整体盘车测量摆度的准备工作</td></tr>
<tr><td colspan="2">需要说明的问题和要求</td><td colspan="5">1. 要求单独进行操作处理
2. 现场就地操作演示，不得触动运行设备
3. 注意安全，文明操作演示</td></tr>
<tr><td colspan="2">工具、材料、设备场地</td><td colspan="5">工具：盘车柱、盘车绳等盘车工具、记号笔
量具：百分表</td></tr>
<tr><td rowspan="11">评
分
标
准</td><td>序号</td><td colspan="5">操　作　步　骤　及　方　法</td></tr>
<tr><td>1</td><td colspan="5">检查推力头和镜板是否连接好，检查水轮机轴和发电机轴是否连接好</td></tr>
<tr><td>2</td><td colspan="5">检查各部间隙是否和固定部件有碰擦</td></tr>
<tr><td>3</td><td colspan="5">上导瓦与轴的间隙小于 0.05mm</td></tr>
<tr><td>4</td><td colspan="5">给轴位编号、设置百分表，把轴编成 8 个号，编号应该和机组转动的方向相反，百分表可在两个方向设置（即两个垂直方向，读数可以比较）</td></tr>
<tr><td>5</td><td colspan="5">安装好盘车柱、盘车绳、天车</td></tr>
<tr><td>6</td><td colspan="5">设表部位：小滑环处设 1 块百分表，推力头上设 2 块百分表，镜板和油箱之间设 4 块百分表，目的是检查弹性镜板的波动值</td></tr>
<tr><td>7</td><td colspan="5">上导处设 2 块百分表，水轮机和发电机连接法兰处各设 2 块百分表，水导、励磁机、推力头分别设 2 块百分表</td></tr>
<tr><td>8</td><td colspan="5">向参与人员作必要的讲解</td></tr>
<tr><td>质量要求</td><td colspan="5">1. 检查各部间隙
2. 上导瓦与轴的间隙小于 0.05mm
3. 轴位编号
4. 推力头和镜板、水轮机轴和发电机轴连接好
5. 各部间隙和固定部件无碰擦
6. 百分表设置正确、读数准确</td></tr>
<tr><td>得分或扣分</td><td colspan="5">1. 未检查各部间隙，扣 5 分
2. 上导瓦与轴的间隙大于 0.05mm，扣 5 分
3. 轴位编号不正确或漏编，扣 5 分
4. 盘车柱、盘车绳未准备好，扣 5 分
5. 百分表设置不正确，扣 5 分
6. 未向参与人员作必要的讲解，扣 5 分</td></tr>
</table>

4.2.3 综合操作

行业：电力工程　　工种：水轮发电机机械检修　　　　等级：高

编　　号	C03C032	行为领域	e	鉴定范围	1
考核时限	120min	题　　型	C	题　　分	30
试题正文	制动器漏风处理				
需要说明的问题和要求	1. 要求单独进行操作处理 2. 现场就地操作演示，不得触动运行设备 3. 注意安全，文明操作演示 4. 待停机措施做好后方可进行				
工具、材料、设备场地	工具：专用工具、手锤、机用螺丝刀、活扳手、梅花扳手、油壶、油石、剪刀、半圆锉、平锉等 量具：油泵、外径千分尺、内径千分尺 材料：酒精、白布、砂纸、石棉垫或尼龙垫、胶皮棒、502 胶、透平油等				

评分标准	序号	操作步骤及方法
	1	判断漏点部位
	2	制动器分解并做好各部记号，按顺序进行分解处理
	3	风闸活塞和缸壁应光滑无毛刺、擦痕；“O”形圈应接头完好，无明显的变形
	4	安装时先装好“O”形圈，活塞和缸壁清扫干净后抹上透平油，安装完毕后应检查活塞动作灵活不卡等，单个打压要用高压油泵进行打压试验
	5	压力为 15MPa、0.5h 无渗漏可投入运行
	质量要求	1.“O”形圈无变形 2. 活塞动作灵活 3. 制动器打压试验无渗漏
	得分或扣分	1. 未做好各部记号，扣 5 分 2.“O”形圈变形尺寸不符，扣 5 分 3. 活塞动作不灵活，扣 5 分 4. 制动器打压试验未达到压力值，扣 5 分 5. 制动器打压试验渗漏，扣 10 分

行业：电力工程　　工种：水轮发电机机械检修　　　等级：高

<table>
<tr><td>编　　号</td><td>C03C033</td><td>行为领域</td><td>e</td><td>鉴定范围</td><td>1</td></tr>
<tr><td>考核时限</td><td>120min</td><td>题　　型</td><td>C</td><td>题　　分</td><td>30</td></tr>
<tr><td>试题正文</td><td colspan="5">水轮发电机的励磁机定子定位销钉孔钻铰</td></tr>
<tr><td>需要说明的问题和要求</td><td colspan="5">1. 要求单独进行操作处理
2. 现场就地操作演示，不得触动运行设备
3. 注意安全，文明操作演示</td></tr>
<tr><td>工具、材料、设备场地</td><td colspan="5">工具：钻头、铰刀、手锤、专用工具、活扳手、钢板尺、油壶、防护镜、毛刷等
量具：电钻或台钻、游标卡尺
材料：白布、白面</td></tr>
</table>

<table>
<tr><td rowspan="8">评分标准</td><td>序号</td><td>操作步骤及方法</td></tr>
<tr><td>1</td><td>首先励磁机定子与转子间隙调整合格后，连接螺丝打紧可靠</td></tr>
<tr><td>2</td><td>然后将钻固定在钻孔位置，方位正确，钻头选用准确，安全措施可靠</td></tr>
<tr><td>3</td><td>开钻过程中，不能用手直接去清除铁屑，戴好保护眼镜</td></tr>
<tr><td>4</td><td>孔钻好后用合适的铰刀去铰孔，方法须得当，铰完孔后用锉刀和砂布修理，光洁无毛刺</td></tr>
<tr><td>5</td><td>用游标卡尺进行测量，尺寸要符合标准</td></tr>
<tr><td>质量要求</td><td>1. 钻头选用及钻孔方位正确
2. 铰完后的孔光洁，无毛刺
3. 尺寸符合标准</td></tr>
<tr><td>得分或扣分</td><td>1. 钻头选用不正确，扣 5 分
2. 钻孔方位不正确，扣 5 分
3. 未戴好保护眼镜，扣 5 分
4. 未用锉刀和砂布修理，扣 5 分
5. 铰完后的孔有毛刺，扣 5 分
6. 尺寸不符合标准，扣 5 分</td></tr>
</table>

行业：电力工程　　工种：水轮发电机机械检修　　等级：高

编号	C03C034	行为领域	e	鉴定范围	1
考核时限	120min	题型	C	题分	30
试题正文	更换管路压力表				
需要说明的问题和要求	1. 要求单独进行操作处理 2. 现场就地操作演示，不得触动运行设备 3. 注意安全，文明操作演示 4. 做好预防跑水的措施				
工具、材料、设备场地	工具：活扳手、开口扳手 材料：生胶带、白布、压力表				
评分标准	序号	操作步骤及方法			
	1	首先填写工作票“一式两份”，经有关人员签字后办理工作票，然后将工作现场明确，进行作业			
	2	将压力表下隔离阀关闭，把坏压力表拆除，合格压力表缠上生胶带装入隔离阀上方，方向正确，打开隔离阀压力表有指示为准			
	质量要求	1. 工作票填写正确，措施到位 2. 隔离阀应关闭 3. 压力表有指示且无渗漏			
	得分或扣分	1. 工作票填写不正确，措施不到位，扣10分 2. 隔离阀不关闭，扣5分 3. 压力表渗漏，扣5分 4. 压力表量程不合适无指示，扣10分			

行业：电力工程　　工种：水轮发电机机械检修　　等级：高/技师

<table>
<tr><td>编　　号</td><td colspan="2">C03C035</td><td>行为领域</td><td>e</td><td>鉴定范围</td><td>1</td></tr>
<tr><td>考核时限</td><td colspan="2">120min</td><td>题　型</td><td>C</td><td>题　　分</td><td>30</td></tr>
<tr><td>试题正文</td><td colspan="6">进行发电机内部检查及机组常规投产试验</td></tr>
<tr><td>需要说明的问题和要求</td><td colspan="6">1. 要求单独进行操作处理
2. 现场就地操作演示，不得触动运行设备
3. 注意安全，文明操作演示
4. 内部检查时调速器加锁锭
5. 内部检查时风闸投入</td></tr>
<tr><td>工具、材料、设备场地</td><td colspan="6">工具：手电、活动扳手、螺丝刀、检查锤
量具：百分表、转速表
材料：白布、填料等</td></tr>
<tr><td rowspan="9">评
分
标
准</td><td>序号</td><td colspan="5">操 作 步 骤 及 方 法</td></tr>
<tr><td>1</td><td colspan="5">在机组检修完后，启动前，内部检查时应检查以下项目：转动部分所有连接防松措施完善可靠，焊缝点焊无开焊和裂纹，无遗留物品</td></tr>
<tr><td>2</td><td colspan="5">转动件与固定件各部间隙合格，保证运行时不会碰擦</td></tr>
<tr><td>3</td><td colspan="5">机组冷却系统、油位、信号、制动系统完好无误</td></tr>
<tr><td>4</td><td colspan="5">机组检修后的常规投产试验：空负荷变转速试验（不并网），额定转速下变励磁试验，带负荷试验，调相运行试验</td></tr>
<tr><td>5</td><td colspan="5">机组首次启动时监听音响，如有异常声音，判定可立即联系停机。监视并记录各部瓦温</td></tr>
<tr><td>6</td><td colspan="5">测量上导、小滑环和法兰摆度，检查各部油位正常、测量记录各部水压、温度、振动、摆度</td></tr>
<tr><td>质量要求</td><td colspan="5">1. 转动部分所有连接无松动、焊点无开焊、裂纹
2. 转动部分与固定部分无碰擦
3. 各部水压、温度、振摆度、油位无异常</td></tr>
<tr><td>得分或扣分</td><td colspan="5">1. 未检查转动部分有无松动，焊点是否出现开焊、裂纹，扣 5 分
2. 未检查转动件与固定件各部间隙，扣 5 分
3. 未检查机组冷却系统、油位、信号、制动系统，扣 5 分
4. 机组启动试验项目不明确，扣 5 分
5. 未记录各部水压、温度、振摆度、油位异常，扣 5 分
6. 开机运行时未监测瓦温，扣 5 分</td></tr>
</table>

行业：电力工程　　工种：水轮发电机机械检修　　等级：高/技师

编　号	C32C036	行为领域	e	鉴定范围	1
考核时限	120min	题　型	C	题　分	30
试题正文	风机皮带更换及调整的工艺、工序				
需要说明的问题和要求	1. 要求单独进行操作处理 2. 现场就地操作演示，不得触动运行设备 3. 注意安全，文明操作演示 4. 考核前切断电源				
工具、材料、设备场地	工具：手锤、机用螺丝刀、钳丝棍、活扳手、梅花扳手、钢板尺 量具：游标卡尺、木塞尺 材料：黄油或机械油、石棉板、皮带				

评分标准	序号	操作步骤及方法
	1	在更换风机皮带前做好一切安全措施，允许开工时可进行这项工作
	2	首先具备同类型型号、长短一致的皮带一副
	3	将电动机底座螺丝松开，移动电动机，这时将原有皮带、手动旋转叶轮取下，新皮带检查无异常可按顺序装上，把电动机移回原位
	4	清扫各部位
	5	检查皮带尺寸是否同皮带轮一致
	6	所有皮带调整好后将电动机底座螺丝紧牢固
	7	进行盘车检查各部位正常，测量间隙合适
	质量要求	1. 皮带型号选择合适 2. 开工时安全措施到位 3. 更换的皮带符合工艺质量要求 4. 盘车检查间隙合适，各部位正常
	得分或扣分	1. 开工时安全措施不到位，扣5分 2. 皮带型号选择不合适，扣5分 3. 未清扫各部位，扣5分 4. 更换的皮带不符合工艺质量要求，扣5分 5. 盘车检查间隙不合适、各部位异常，扣5分 6. 电动机底座螺丝未紧牢固，扣5分

行业：电力工程　工种：水轮发电机机械检修　等级：高/技师

<table>
<tr><td colspan="2">编　号</td><td>C32C037</td><td>行为领域</td><td>e</td><td>鉴定范围</td><td>1</td></tr>
<tr><td colspan="2">考核时限</td><td>120min</td><td>题　型</td><td>C</td><td>题　分</td><td>30</td></tr>
<tr><td colspan="2">试题正文</td><td colspan="5">绘制 100mm 焊接 90° 弯头的下料图，并进行操作</td></tr>
<tr><td colspan="2">需要说明的问题和要求</td><td colspan="5">1. 要求单独进行操作处理
2. 现场就地操作演示，不得触动运行设备
3. 注意安全，文明操作演示</td></tr>
<tr><td colspan="2">工具、材料、设备场地</td><td colspan="5">工具：手锤、扁铲、钢板尺、划规、划针等
量具：角尺
材料：1/2″ 钢管、石棉板、石笔</td></tr>
<tr><td rowspan="7">评分标准</td><td>序号</td><td colspan="5">操　作　步　骤　及　方　法</td></tr>
<tr><td>1</td><td colspan="5">制作样板</td></tr>
<tr><td>2</td><td colspan="5">用下好的 90° 三节样板在钢管上对准，用石笔画好</td></tr>
<tr><td>3</td><td colspan="5">下两节钢管修好后将坡口对接完整后进行焊接</td></tr>
<tr><td>4</td><td colspan="5">在两直管上用样板一边下料，然后将三件组焊为 90° 为宜</td></tr>
<tr><td>质量要求</td><td colspan="5">1. 样板制作准确
2. 绘图、下料准确
3. 焊接角度符合要求
4. 钢管接口间隙一致、焊口平整</td></tr>
<tr><td>得分或扣分</td><td colspan="5">1. 样板制作不准确，扣 5 分
2. 绘图、下料不准确，扣 5 分
3. 焊接角度不符合要求，扣 10 分
4. 钢管接口间隙不一致、焊口粗糙，扣 10 分</td></tr>
</table>

行业：电力工程　　工种：水轮发电机机械检修　　等级：高/技师

编　　号		C32C038	行为领域	e	鉴定范围	1	
考核时限		120min	题　　型	C	题　　分	30	
试题正文		拆装、清洗压力低于 1.5MPa，管径小于 100mm 的油、水、风管路并更换法兰垫					
需要说明的问题和要求		1. 要求单独进行操作处理 2. 现场就地操作演示，不得触动运行设备 3. 注意安全，文明操作演示					
工具、材料、设备场地		工具：活动扳手、梅花扳手、手套、铁皮筒、剪刀、划规、油盆 量具：游标卡尺、钢板尺 材料：白布、铁丝、胶皮板					
评分标准	序号	操　作　步　骤　及　方　法					
	1	在进行油、水、风压力管路试验时，首先停运排压，无压力时可将法兰部分螺丝松开，排除油、水、风					
	2	将管路拆除清洗，用铁丝把布绑好后进行多次往复与清洗，按照管路法兰尺寸进行制作法兰垫，检查管路内无异物后将管路进行连接					
	3	耐压试验无渗漏					
	质量要求	1. 压力管路内的油、水、风排除干净 2. 法兰垫制作尺寸合适、管路连接完好 3. 通过耐压试验无渗漏					
	得分或扣分	1. 压力管路内的油、水、风未排除干净，扣 10 分 2. 法兰垫制作尺寸有误、管路未连接好，扣 10 分 3. 通过耐压试验出现渗漏，扣 10 分					

行业：电力工程　　工种：水轮发电机机械检修　　等级：高/技师

<table>
<tr><td colspan="2">编　　号</td><td>C32C039</td><td>行为领域</td><td>e</td><td>鉴定范围</td><td>1</td></tr>
<tr><td colspan="2">考核时限</td><td>120min</td><td>题　　型</td><td>C</td><td>题　　分</td><td>30</td></tr>
<tr><td colspan="2">试题正文</td><td colspan="5">组织人员进行吊转子的操作</td></tr>
<tr><td colspan="2">需要说明的问题和要求</td><td colspan="5">1. 要求单独进行操作处理
2. 现场就地操作演示，不得触动运行设备
3. 注意安全，文明操作演示
4. 进行必要的讲解</td></tr>
<tr><td colspan="2">工具、材料、设备场地</td><td colspan="5">工具：活动扳手、钳丝棍、安全带等
材料：黄油、包装布</td></tr>
<tr><td rowspan="10">评分标准</td><td>序号</td><td colspan="5">操 作 步 骤 及 方 法</td></tr>
<tr><td>1</td><td colspan="5">检查转子指定落地点的情况，并核实支持物的高程</td></tr>
<tr><td>2</td><td colspan="5">首先要求 2 台桥吊将起重梁连接在转子轴端上，连接牢固，然后进行桥吊起重梁全面检查</td></tr>
<tr><td>3</td><td colspan="5">各部件分解完毕，测量数据完成，具备吊出转子条件</td></tr>
<tr><td>4</td><td colspan="5">转子起吊之前应安排有关人员监护，转子与定子空气间隙均匀，使用木插板摇动，当木板条出现卡住现象时应停止起落，找正中心后再进行起落</td></tr>
<tr><td>5</td><td colspan="5">起吊前应利用风闸将转子顶起，使发电机轴和水轮机轴连接的止口脱开，检查并确认法兰止口已完全脱开</td></tr>
<tr><td>6</td><td colspan="5">对转子进行短时间的几次试吊</td></tr>
<tr><td>7</td><td colspan="5">讲解安全注意事项</td></tr>
<tr><td>质量要求</td><td colspan="5">1. 起重梁与转子轴端连接牢固
2. 各部件分解完毕，具备条件
3. 转子中心找正，监护人员到位，安全措施到位
4. 发电机轴和水轮机轴连接处完全脱开</td></tr>
<tr><td>得分或扣分</td><td colspan="5">1. 各部件分解未完毕，不具备吊出转子的条件，扣 5 分
2. 未检查吊具，扣 2 分
3. 未检查询问法兰止口脱开的情况，扣 3 分
4. 转子中心未找正，扣 5 分
5. 监护人员、安全措施未到位，扣 5 分
6. 未对转子进行短时间的几次试吊，扣 5 分
7. 未讲解安全注意事项，扣 5 分</td></tr>
</table>

行业：电力工程　　工种：水轮发电机机械检修　　等级：高/技师

编　　号		C32C040	行为领域	e	鉴定范围	1	
考核时限		240min	题　　型	C	题　　分	30	
试题正文		研磨阀门					
需要说明的问题和要求		1. 要求单独进行操作处理 2. 现场就地操作演示，不得触动运行设备 3. 注意安全，文明操作演示 4. 做好防止跑水的措施					
工具、材料、设备场地		工具：活扳手、梅花扳手、机用螺丝刀、手锤、研磨器具等 材料：胶皮板、胶皮棒、盘根、研磨粉等					
评分标准	序号	操作步骤及方法					
	1	清理施工环境					
	2	研磨剂的选用：挑选制造加工精度符合要求的研磨器具材料					
	3	粗磨：利用研磨头和研磨座用粗研磨砂先将阀体和阀座结合面的麻点或小坑磨去。中磨：更换一个新研磨头或研磨座，用中粗的研磨砂或研磨膏将阀门进行手工或机械化研磨					
	4	细磨：用研磨膏将阀门的阀瓣对着阀座进行研磨，直至达到标准					
	质量要求	1. 清理施工环境 2. 研磨剂的选用 3. 挑选制造加工精度符合要求的研磨器具材料 4. 方法步骤正确					
	得分或扣分	1. 工器具准备不充分，扣5分 2. 未清理施工环境，扣5分 3. 研磨剂的选用不当，扣5分 4. 研磨器具选用不当，扣5分 5. 研磨方法步骤不正确，扣5分 6. 未达到标准，扣5分					

行业：电力工程　工种：水轮发电机机械检修　等级：高/技师

<table>
<tr><td colspan="2">编　　号</td><td>C32C041</td><td>行为领域</td><td>e</td><td>鉴定范围</td><td>1</td></tr>
<tr><td colspan="2">考核时限</td><td>120min</td><td>题　　型</td><td>C</td><td>题　　分</td><td>30</td></tr>
<tr><td colspan="2">试题正文</td><td colspan="5">现场装配导轴承</td></tr>
<tr><td colspan="2">需要说明的问题和要求</td><td colspan="5">1. 要求单独进行操作处理
2. 现场就地操作演示，不得触动运行设备
3. 注意安全，文明操作演示</td></tr>
<tr><td colspan="2">工具、材料、设备场地</td><td colspan="5">工具：专用工具、大锤、手锤、活动扳手、梅花扳手、套筒扳手、机用螺丝刀、丝锥、锉刀、油壶、钢板尺等
量具：外径千分尺、游标卡尺、合式水平仪
材料：酒精、汽油、白面、白布、502 胶、胶皮板、胶皮棒</td></tr>
<tr><td rowspan="7">评
分
标
准</td><td>序号</td><td colspan="5">操　作　步　骤　及　方　法</td></tr>
<tr><td>1</td><td colspan="5">对上导瓦进行修刮，轴领光滑无毛刺，绝缘合格，冷却器打压无渗漏，然后进行组装</td></tr>
<tr><td>2</td><td colspan="5">绝缘板按号装复，瓦吊入按号就位，轴位调好后调整瓦间隙，然后将抗重螺帽打紧，锁锭板紧固，将冷却器装置进行各种油板配置、清扫、验收等工作</td></tr>
<tr><td>3</td><td colspan="5">托油盘、上密封盖装好，间隙合格</td></tr>
<tr><td>4</td><td colspan="5">注油、油位在抗重螺丝中心以下 10mm 左右</td></tr>
<tr><td>质量要求</td><td colspan="5">1. 绘图正确
2. 上导瓦、轴领、绝缘合格，冷却器无渗漏
3. 绝缘、瓦安装位置正确，抗重螺帽打紧后瓦间隙符合要求
4. 托油盘、上导密封间隙合格
5. 注油油位符合要求</td></tr>
<tr><td>得分或扣分</td><td colspan="5">1. 绘图不正确，扣 5 分
2. 上导瓦、轴领、绝缘不合格，冷却器渗漏，扣 5 分
3. 绝缘、瓦安装位置错误，抗重螺帽打紧后瓦间隙不符合要求，扣 10 分
4. 托油盘、上导密封间隙不合格，扣 5 分
5. 注油油位错误，扣 5 分</td></tr>
</table>

行业：电力工程　工种：水轮发电机机械检修　等级：技师/高技

编　号	C21C042	行为领域	e	鉴定范围	1
考核时限	120min	题　型	C	题　分	30
试题正文	液压支柱式推力轴承推力瓦受力调整				
需要说明的问题和要求	1. 要求单独进行操作处理 2. 现场就地操作演示，不得触动运行设备 3. 注意安全，文明操作演示				
工具、材料、设备场地	工具：专用工具、测杆、活扳手、手锤、梅花扳手、机用螺丝刀、大锤、手电、钢板尺等 量具：百分表、游标卡尺 材料：白布、酒精、白面				

评分标准	序号	操作步骤及方法（因机组不同，有一定的区别）
	1	安装时镜板推力头水平调整完毕
	2	测量点编号，设置百分表
	3	熟悉抗重螺丝的旋转方向及螺距
	4	根据测量数据计算和判断所要调整抗重螺丝的位置及旋转方向
	5	在推力轴承上进行发电机转子高程调整，利用抗重螺丝进行上下调整，要求12个抗重螺丝上下行走一致、准确
	6	进行推力瓦受力调整，每个抗重螺丝液压支柱各设一块百分表，压缩值应在允许范围内，表对“零”，有专人看管记录
	7	利用油泵顶起转子重复进行测量和调整，顶起、落下时各百分表的最大差值不超于0.2mm
	8	锁定抗重螺丝背帽、各部间隙符合设计要求
	质量要求	1. 12个抗重螺丝上下行走一致、准确 2. 顶起、落下时各百分表的最大差值不超于0.2mm 3. 锁定抗重螺丝背帽、各部间隙符合设计要求 4. 百分表有专人监护，测量准确
	得分或扣分	1. 安装时镜板推力头水平调整未完毕，不具备安装条件，扣5分 2. 测量点编号、设置百分表不正确，扣5分 3. 顶起、落下时各百分表的最大差值超过0.2mm，扣10分 4. 百分表测量错误，扣5分 5. 未锁定抗重螺丝背帽，各部间隙符合设计要求，扣5分

行业：电力工程　工种：水轮发电机机械检修　等级：高/技师

<table>
<tr><td>编　号</td><td>C21C043</td><td>行为领域</td><td>e</td><td>鉴定范围</td><td>1</td></tr>
<tr><td>考核时限</td><td>240min</td><td>题　型</td><td>C</td><td>题　分</td><td>30</td></tr>
<tr><td>试题正文</td><td colspan="5">调整转子磁轭的圆度</td></tr>
<tr><td>需要说明的问题和要求</td><td colspan="5">1. 要求单独进行操作处理
2. 现场就地操作演示，不得触动运行设备
3. 注意安全，文明操作演示
4. 要求做出相关的操作
5. 转子磁轭堆叠完成</td></tr>
<tr><td>工具、材料、设备场地</td><td colspan="5">工具：专用工具、大锤、手锤、活动扳手、顶丝、机用螺丝刀等
量具：百分表、内径千分尺、测圆架</td></tr>
<tr><td rowspan="3">评分标准</td><td>序号</td><td colspan="4">操　作　步　骤　及　方　法</td></tr>
<tr><td>1
2
3
4
5
6
7

8</td><td colspan="4">用测圆架测量转子磁轭上、中、下三部分的圆度
计算圆度及偏心量
找出磁轭外圆凸出和下凹的部位
计算每根键的移动量
磁轭外圆凸出的部位使附近的键上移一定量
磁轭外圆下凹的部位使附近的键下移一定量
再用测圆架测量转子上、中、下三部分的圆度，计算圆度及偏心量直至合格
用手锤打紧各键</td></tr>
<tr><td>质量要求</td><td colspan="4">1. 测量转子上、中、下三部分的圆度，不超过定、转子空气间隙的±3.5%
2. 计算圆度及偏心量正确</td></tr>
<tr><td></td><td>得分或扣分</td><td colspan="4">1. 用测圆架测量转子上、中、下三部分的圆度测量不正确，扣5分
2. 计算圆度及偏心量不正确，扣5分
3. 键的移动量及方向不正确，扣5分
4. 未用测圆架测量转子上、中、下三部分的圆度，扣5分
5. 测量转子上、中、下三部分的圆度超过标准，扣10分</td></tr>
</table>

行业：电力工程　工种：水轮发电机机械检修　等级：技师/高技

<table>
<tr><td colspan="2">编　　号</td><td>C21C044</td><td>行为领域</td><td>e</td><td>鉴定范围</td><td>1</td></tr>
<tr><td colspan="2">考核时限</td><td>360min</td><td>题　　型</td><td>C</td><td>题　　分</td><td>30</td></tr>
<tr><td colspan="2">试题正文</td><td colspan="5">机组主轴轴线分析及处理</td></tr>
<tr><td colspan="2">需要说明的问题和要求</td><td colspan="5">1. 要求单独进行操作处理
2. 现场就地操作演示，不得触动运行设备
3. 注意安全，文明操作演示
4. 盘车工作已进行完，数据齐全</td></tr>
<tr><td colspan="2">工具、材料、设备场地</td><td colspan="5">工具：刮刀、剪刀、平锉刀、专用工具、大锤、钢板尺、砂布
量具：游标卡尺、外径千分尺、角磨机等
材料：铜皮、白布、酒精、白面等</td></tr>
<tr><td rowspan="10">评
分
标
准</td><td>序号</td><td colspan="5">操　作　步　骤　及　方　法</td></tr>
<tr><td>1</td><td colspan="5">详细查看盘车测机组各部的摆度，水轮发电机轴端、上下联轴法兰、各轴承部位的编号情况</td></tr>
<tr><td>2</td><td colspan="5">检查并询问所有测量表面是否进行检查处理，表面无毛刺、凹坑，干净，百分表设在 x 和 y 方向（垂直），压缩量在 3mm，检查运行良好</td></tr>
<tr><td>3</td><td colspan="5">计算机组各部的净摆度及合成摆度</td></tr>
<tr><td>4</td><td colspan="5">计算各段轴倾斜值</td></tr>
<tr><td>5</td><td colspan="5">按轴位号算出加垫量：通过两次盘车说明有轴线曲折现象时，处理可用加垫法或修刮法进行，方位正确，垫量正确干净，无毛刺、错叠、折角的现象</td></tr>
<tr><td>6</td><td colspan="5">检查并询问各部位是否有专人负责记录</td></tr>
<tr><td>7</td><td colspan="5">处理完毕再进行盘车检查轴线是否合格</td></tr>
<tr><td>质量要求</td><td colspan="5">1. 计算机组各部的净摆度及合成摆度正确
2. 所有测量表面光滑、干净
3. 加垫量计算准确
4. 加垫正确干净，无毛刺、错叠、折角的现象</td></tr>
<tr><td>得分或扣分</td><td colspan="5">1. 未检查并询问各部位是否有专人负责记录，扣 2 分
2. 未详细查看盘车测机组各部的摆度，扣 3 分
3. 未详细查看盘车各部位的编号情况，扣 2 分
4. 机组各部的净摆度及合成摆度不正确，扣 3 分
5. 计算各段轴倾斜值不正确，扣 5 分
6. 加垫量及方向判断不准确，扣 5 分
7. 未检查询问测量表面是否有毛刺、凹坑，扣 2 分
8. 加垫出现毛刺、错叠、折角的现象，扣 5 分
9. 处理完毕未再要求进行盘车检查轴线是否合格，扣 3 分</td></tr>
</table>

行业：电力工程 工种：水轮发电机机械检修 等级：技师/高技

<table>
<tr><td colspan="2">编 号</td><td>C21C045</td><td>行为领域</td><td>e</td><td>鉴定范围</td><td>1</td></tr>
<tr><td colspan="2">考核时限</td><td>240min</td><td>题 型</td><td>C</td><td>题 分</td><td>30</td></tr>
<tr><td colspan="2">试题正文</td><td colspan="5">发电机转子磁极测圆</td></tr>
<tr><td colspan="2">需要说明的问题和要求</td><td colspan="5">1. 要求单独进行操作处理
2. 现场就地操作演示，不得触动运行设备
3. 注意安全，文明操作演示
4. 转子磁极挂装完成
5. 测圆架安装完成，具备测量条件</td></tr>
<tr><td colspan="2">工具、材料、设备场地</td><td colspan="5">工具：手锤、活动扳手、钢板尺等
量具：百分表、内径千分尺等
材料：白布、砂纸、酒精、记号笔等</td></tr>
<tr><td rowspan="9">评分标准</td><td>序号</td><td colspan="5">操 作 步 骤 及 方 法</td></tr>
<tr><td>1</td><td colspan="5">转子测圆可用特制的转子测圆架进行</td></tr>
<tr><td>2</td><td colspan="5">检测测圆架的测量精度：测架应刚度良好，转动灵活，按同一方向缓慢转动测圆架，几次测量结果互差在 0.3mm（按各厂规程）以内</td></tr>
<tr><td>3</td><td colspan="5">布置测点，磁极中心用记号笔做一记号使每次测量点一致</td></tr>
<tr><td>4</td><td colspan="5">测点应设在每个磁极极撑表面中轴线及磁极高度方向的中心位置的交汇处，表面应清除干净，测圆架始终应转动平稳，每次测量不得少于两遍</td></tr>
<tr><td>5</td><td colspan="5">计算测得各数值与平均半径之差</td></tr>
<tr><td>6</td><td colspan="5">计算圆度是否符合要求</td></tr>
<tr><td>质量要求</td><td colspan="5">1. 每次测量点一致
2. 测圆架刚度良好，转动灵活
3. 测点在磁极极撑表面中轴线上且表面干净
4. 测得平均半径之差不大于定、转子空气间隙的 5%</td></tr>
<tr><td>得分或扣分</td><td colspan="5">1. 测点布置不准确，扣 5 分
2. 未检测测圆架的测量精度，扣 5 分
3. 每次测量点不一致，扣 5 分
4. 测量不准确，扣 5 分
5. 计算测得平均半径不准确，扣 5 分
6. 计算圆度不正确，扣 5 分</td></tr>
</table>

行业：电力工程　工种：水轮发电机机械检修　等级：技师/高技

<table>
<tr><td>编　号</td><td>C21C046</td><td>行为领域</td><td>e</td><td>鉴定范围</td><td>1</td></tr>
<tr><td>考核时限</td><td>120min</td><td>题　型</td><td>C</td><td>题　分</td><td>30</td></tr>
<tr><td>试题正文</td><td colspan="5">处理阀壳上的裂纹及砂眼</td></tr>
<tr><td>需要说明的问题和要求</td><td colspan="5">1. 单独进行操作处理
2. 现场就地操作演示，不得触动运行设备
3. 注意安全，文明操作演示
4. 做好预防跑水的措施</td></tr>
<tr><td>工具、材料、设备场地</td><td colspan="5">工具：专用工具、风动工具、手锤、活扳手、梅花扳手、剪刀、螺丝刀、锉刀、刮刀、电焊工具、石棉布、消防器材等
量具：钢板尺
材料：铁丝</td></tr>
<tr><td rowspan="6">评分标准</td><td>序号</td><td colspan="4">操　作　步　骤　及　方　法</td></tr>
<tr><td>1</td><td colspan="4">检查是否是铸铁阀门门壳的裂纹，在磨剔前应在裂纹两端钻孔，防止裂纹扩展</td></tr>
<tr><td>2</td><td colspan="4">铸铁和合金钢阀门在补焊前应预热，补焊后应冷却</td></tr>
<tr><td>3</td><td colspan="4">补焊好的阀壳要进行 1.5 倍公称压力的强度试验</td></tr>
<tr><td>质量要求</td><td colspan="4">1. 工器具准备充分
2. 操作方法正确
3. 补焊方法正确
4. 进行强度试验</td></tr>
<tr><td>得分或扣分</td><td colspan="4">1. 工器具准备不充分，扣 5 分
2. 操作方法不正确，扣 5 分
3. 补焊方法不正确，扣 5 分
4. 裂纹两端未钻孔，扣 5 分
5. 未进行强度试验，扣 5 分
6. 强度试验未达到压力值，扣 5 分</td></tr>
</table>

行业：电力工程　工种：水轮发电机机械检修　等级：技师/高技

<table>
<tr><td colspan="2">编　　号</td><td>C21C047</td><td>行为领域</td><td>e</td><td>鉴定范围</td><td>1</td></tr>
<tr><td colspan="2">考核时限</td><td>8h</td><td>题　　型</td><td>C</td><td>题　　分</td><td>30</td></tr>
<tr><td colspan="2">试题正文</td><td colspan="5">发电机转子磁轭加温分解</td></tr>
<tr><td colspan="2">需要说明的问题和要求</td><td colspan="5">1. 单独进行操作处理
2. 现场就地操作演示，不得触动运行设备
3. 注意安全，文明操作演示
4. 防止发生触电危险</td></tr>
<tr><td colspan="2">工具、材料、设备场地</td><td colspan="5">工具：验电笔、水银温度计、远程红外线测温仪、专用电加热器、石棉布、消防器材等
量具：游标卡尺</td></tr>
<tr><td rowspan="12">评分标准</td><td>序号</td><td colspan="5">操 作 步 骤 及 方 法</td></tr>
<tr><td>1</td><td colspan="5">计算转子加温所需的热容量以确定专用电加热器的数量</td></tr>
<tr><td>2</td><td colspan="5">在转子磁轭加热孔内设置专用电加热器及布置电路</td></tr>
<tr><td>3</td><td colspan="5">在转子磁轭的内、外壁设置监测温升的水银温度计</td></tr>
<tr><td>4</td><td colspan="5">做好温升记录表格以备用</td></tr>
<tr><td>5</td><td colspan="5">做好测量磁轭膨胀量的测点，用游标卡尺测量并每隔一定时间记录</td></tr>
<tr><td>6</td><td colspan="5">在键的小头下设置压机</td></tr>
<tr><td>7</td><td colspan="5">做好消防措施</td></tr>
<tr><td>8</td><td colspan="5">开始加温，用远程红外线测温仪远距离监测</td></tr>
<tr><td>9</td><td colspan="5">键松动时在键的小头下一边顶压机一边拔键，直至全出</td></tr>
<tr><td>质量要求</td><td colspan="5">1. 磁轭膨胀量超过键打紧量
2. 监测到位</td></tr>
<tr><td>得分或扣分</td><td colspan="5">1. 计算转子加温所需的电加热器的数量不正确，扣 5 分
2. 布置电路不正确，扣 5 分
3. 水银温度计不正确，扣 5 分
4. 磁轭膨胀量的测点布置不正确，扣 5 分
5. 未做记录表格，扣 5 分
6. 键的小头下未设置压机，扣 5 分</td></tr>
</table>

行业：电力工程　工种：水轮发电机机械检修　等级：技师/高技

<table>
<tr><td>编　号</td><td>C21C048</td><td>行为领域</td><td>e</td><td>鉴定范围</td><td>1</td></tr>
<tr><td>考核时限</td><td>8h</td><td>题　型</td><td>C</td><td>题　分</td><td>40</td></tr>
<tr><td>试题正文</td><td colspan="5">技术供水系统改造中管道安装开工准备</td></tr>
<tr><td>需要说明的问题和要求</td><td colspan="5">1. 根据综合进度，考察管道进厂房的开工条件
2. 单独进行操作处理
3. 现场就地操作演示，不得触动运行设备
4. 注意安全，文明操作演示</td></tr>
<tr><td>工具、材料、设备场地</td><td colspan="5">现场实际工具、材料、设备</td></tr>
<tr><td rowspan="7">评分标准</td><td>序号</td><td colspan="4">操 作 步 骤 及 方 法</td></tr>
<tr><td>1</td><td colspan="4">根据综合进度表拟定的各分项工程的开工日期，核对管道安装应具备的进厂房的开工条件</td></tr>
<tr><td>2</td><td colspan="4">考察土建条件</td></tr>
<tr><td>3</td><td colspan="4">考察管道安装前的材料条件：管子、管件、支架附件、阀门等预检条件</td></tr>
<tr><td>4</td><td colspan="4">考察管道安装进厂房应具备的工序条件</td></tr>
<tr><td>质量要求</td><td colspan="4">条件具备</td></tr>
<tr><td>得分或扣分</td><td colspan="4">1. 未拟定的各分项工程的开工日期，扣 10 分
2. 未考察土建条件，扣 10 分
3. 未考察管道安装前的材料条件：管子、管件、支架附件、阀门等预检条件，扣 10 分
4. 未考察管道安装进厂房应具备的工序条件，扣 10 分</td></tr>
</table>

5 试卷样例

中级水轮发电机机械检修工知识要求试卷

一、选择题（每题 1 分，共 25 分）

下列每题都有 4 个答案，其中只有一个正确答案，将正确答案的代号填入括号内。

1. 当某力 R 对刚体的作用效果与一个力系对该刚体的作用效果相同时，该力 R 为该力系的（　　）。

（A）合力；（B）分力；（C）作用力；（D）反作用力。

2. 设原图形的比例为 1:10，将其局部结构放大 5 倍，局部放大图应标明的比例为（　　）。

（A）5:1；（B）2:1；（C）1:2；（D）1:5。

3. 透平油在推力油槽及上导油槽中起散热作用及（　　）作用。

（A）润滑；（B）减小水推力；（C）绝缘；（D）节约能源。

4. 水轮发电机转动惯量 J 与其飞轮力矩 GD^2 的关系为（　　）。

（A）$GD^2=J$；（B）$GD^2=gJ$；（C）$GD^2=4J$；（D）$GD^2=4gJ$。

5. 水轮发电机定子的扇形冲片，通常由（　　）mm 厚的导磁率很高的硅钢片冲制而成。

（A）0.1；（B）0.25；（C）0.4；（D）0.5。

6. 分段轴结构适用于中低速大容量（　　）水轮发电机。

（A）悬吊型；（B）伞型；（C）半伞型；（D）全伞型。

7. 导轴承钨金瓦的瓦温一般在（　　）左右。

（A）40℃；（B）50℃；（C）60℃；（D）70℃。

8.“O”形密封圈的压缩率在（　　）具有良好的密封性能。

（A）2%～3%；（B）4%～5%；（C）5%～7%；（D）6%～8%。

9. 磁轭键是斜度为（　　），宽度为 50mm，厚度为δ的一对长短键。

（A）1:50；（B）1:125；（C）1:200；（D）1:150。

10. 为下次机组大修拔键的方便，长键的上端留出（　　）mm 左右的长度。

（A）100；（B）150；（C）200；（D）250。

11. 推力头加温不宜太快，一般控制在（　　）左右并采用断续加热方式。

（A）5～10℃/h；（B）10～15℃/h；（C）15～20℃/h；（D）20～25℃/h。

12. 定子内径圆度，各径与平均半径之差不应大于发电机设计空气间隙值的（　）。

（A）±5%；（B）±10%；（C）±15%；（D）±20%。

13. 主轴某测量部位，某轴号的净摆度值与直径方向对应轴号的净摆度之差，称为该部位该直径方向上的（　）。

（A）摆度；（B）全摆度；（C）净摆度；（D）净全摆度。

14. 工作票应用钢笔或圆珠笔填写一式（　　）份。

（A）一；（B）二；（C）三；（D）四。

15. 在打键前应检查一遍磁极标高，其允许误差一般为（　　）。

（A）±（1～2）mm；（B）±（2～3）mm；（C）±（3～4）mm；（D）±（4～5）mm。

16. 在同一张图纸内，视图按基本视图配置时，视图名称（　　）。

（A）一律标注；（B）一律不标注；（C）除后视图外一律不标注；（D）一律标注，但打括号。

17. 对于容量在几千瓦以下的小型水轮发电机组，采用（　　）盘车。

（A）人工；（B）机械；（C）电动；（D）风动。

18. 制动器凸环齿顶面与托板下部凹槽的搭接量Δh_i＜

（　　）时应更换新制动板。

（A）1mm；（B）2mm；（C）3mm；（D）4mm。

19. 转子磁极挂装后，磁极键上端部（　　）。

（A）搭焊；（B）不搭焊；（C）不一定搭焊；（D）点焊。

20. 磁极挂装后检查转子圆度，各半径与设计半径之差不应大于设计空气间隙值的（　　）。

（A）±4%；（B）10%；（C）15%；（D）20%。

21. 研磨镜板的小平台的旋转速度为（　　）为宜。

（A）5r/min；（B）7r/min；（C）5～7r/min；（D）15r/min。

22. 定子平均中心与固定止漏环（或转轮室）平均中心的偏差最好控制在（　　）之内，最严重者应不超过1.0mm。

（A）0.10～0.30mm；（B）0.20～0.40mm；（C）0.30～0.50mm；（D）0.40～0.50mm。

23. 将磁极挂装到位后，把两根长键的斜面均匀地涂上一薄层白铅油，按（　　）头朝下，斜面朝（　　）对号插入键槽。

（A）小，外；（B）大，外；（C）小，里；（D）大，里。

24. 镜板吊出并翻转使镜面朝上放好后，镜面上涂一层（　　），贴上一层描图纸，再盖上毛毡，周围拦上，以防磕碰。

（A）汽油；（B）煤油；（C）柴油；（D）润滑油。

25. 吊转子前，制动器加垫找平时的加垫厚度应考虑转子抬起高度满足镜板与推力瓦面离开（　　）的要求。

（A）1～2mm；（B）3～4mm；（C）4～6mm；（D）5～8mm。

二、判断题（每题1分，共25分）

判断下列描述是否正确，对的在括号内打“√”，错的在括号内打“×”。

1. 目前，中等容量以上的水轮发电机组多采用机械盘车。（　　）

2. 在输出有功功率一定的条件下提高功率因数，可提高水

轮发电机有效材料的利用率，不可减轻水轮发电机的总质量。（ ）

3. 刚性支柱式推力轴承承载能力较低，所以各瓦受力调整也容易。（ ）

4. 推力头加温通常是为了热套推力头和拔推力头。（ ）

5. 机械制动是目前水轮发电机组的唯一制动方式。（ ）

6. 如果轴线良好稳定，推力头与镜板也可以不分解，一并吊走。（ ）

7. 一个良好的通风系统的唯一标志是：水轮发电机实际运行产生的风量应达到设计值并略有余量。（ ）

8. 在生产过程中，用来测量各种工件尺寸、角度和形状的工具叫量具。（ ）

9. 推力瓦的受力调整可在机组轴线调整之前进行。（ ）

10. 推力头与主轴多采用基轴制的静配合，并热套安装。（ ）

11. 轴线处理时，推力头与镜板结合面间垫的材质，一般可用黄铜、紫铜等。（ ）

12. 为使推力头套轴顺利，在套轴前将与推力头配合段的主轴表面涂以炭精或二硫化钼。（ ）

13. 使用塞尺时，其叠片数一般不宜超过3片。（ ）

14. 磁轭键的打键紧量愈大愈好。（ ）

15. 转子测圆一般测2～3圈方可，以便核对。（ ）

16. 绝缘油在设备中的作用是绝缘、散热和消弧。（ ）

17. 发电机空气冷却器产生凝结水珠的原因是空气湿度及周围环境温度过大。（ ）

18. 通常油品的黏度都是随着油温升高及所受压力下降而升高。（ ）

19. 样板是检查、确定工件尺寸、形状和相对位置的一种

量具。（　）

20. 螺纹连接的自锁性可保证，这种连接在任何情况下都不会松脱。（　）

21. 45 号钢是表示平均含碳量为 0.45%的优质碳素结构钢。（　）

22. 机组产生振动的干扰力源主要来自电气、机械和水力 3 个方面。（　）

23. 分块式导轴承间隙测量前，应先将导轴瓦沿逆油旋转方向推靠紧。（　）

24. 安装磁极键时长键按小头朝上，斜面朝里插入键槽。（　）

25. 镜板研磨工作结束后，最后应用无水酒精擦拭干净，镜面涂以透平油或洁净猪油，并覆以洁净的白纸，然后盖上毛毡进行防护。（　）

三、简答题（每题 4 分，共 20 分）

1. 简述水电厂的供水包括哪几个方面。

2. 水力机组检修可以分为几类？各类周期如何？

3. 转子吊出与吊入应具备的条件是什么？

4. 发电机盘车应遵守什么规定？

5. 推力瓦的修刮质量标准怎样？

四、计算题（每题 5 分，共 10 分）

1. 已知某悬式机组法兰处净摆度为：$\phi_1=\phi_5=-14$，$\phi_2=\phi_6=-35$，$\phi_3=\phi_7=-20$，$\phi_4=\phi_8=0$，推力头底面直径为 2m，上导距法兰测点距为 5m，求推力头绝缘垫刮削量为多少？

2. 在机组中心测定中，测出定子 8 点的读数如表 1 所示，定、转子设计间隙为 15mm，试分析其圆度。

表 1　　单位：mm

位置	a_1	a_2	a_3	a_4	a_5	a_6	a_7	a_8
读数	1015.73	1015.10	1014.05	1014.96	1015.51	1014.90	1014.33	1015.13

五、绘图题（每小题 5 分，共 10 分）

1. 如图 1 所示，补画左视图。

2. 如图 2 所示，补全三视图。

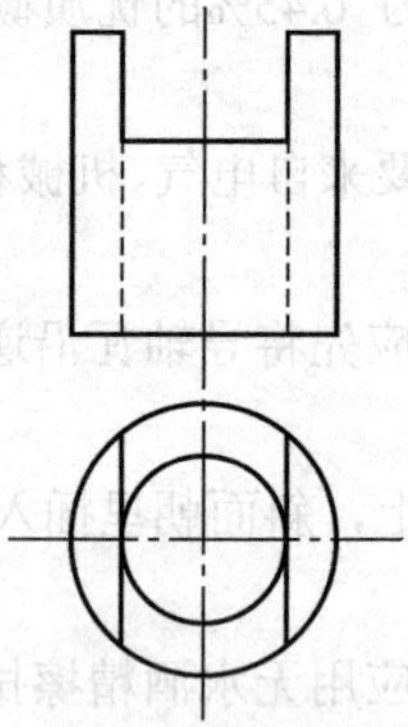

图 1

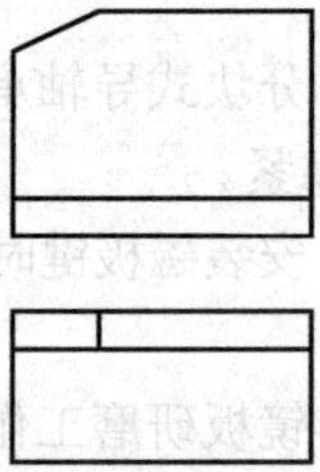

图 2

六、论述题（共 10 分）

在巡回检查中，一般应注意哪些问题？抄记哪些数据？检查哪些项目？

中级水轮发电机机械检修工技能要求试卷

一、笔试题（共 40 分）

1. 简述发电机导轴承、推力轴承冷却器耐压的方法。（10 分）

2. 发电机管路拆装中，要注意哪些问题？（15 分）

3. 试述发电机转子吊入前制动风闸顶面高程的调整方法。（15 分）

二、操作题（共 60 分）

1. 要求在现场测量计算主发电机空气间隙测量值并进行计算。（20 分）

2. 测定上导轴瓦的间隙。（20 分）

3. 研磨镜板。（20 分）

中级水轮发电机机械检修工知识要求试卷答案

一、选择题

1.（A）；2.（C）；3.（A）；4.（D）；5.（D）；6.（B）；7.（B）；8.（C）；9.（C）；10.（C）；11.（C）；12.（A）；13.（D）；14.（B）；15.（A）；16.（B）；17.（A）；18.（B）；19.（C）；20.（B）；21.（C）；22.（C）；23.（C）；24.（D）；25.（C）。

二、判断题

1.（√）；2.（√）；3.（×）；4.（√）；5.（×）；6.（√）；7.（×）；8.（√）；9.（×）；10.（×）；11.（×）；12.（√）；13.（√）；14.（×）；15.（√）；16.（√）；17.（√）；18.（×）；19.（√）；20.（×）；21.（√）；22.（√）；23.（×）；24.（×）；25.（√）。

三、简答题

1. 答：水电厂的供水一般包括技术供水、消防供水、生活供水等三个方面。

2. 答：水力机组检修通常可分为定期检查、小修、大修和扩大性大修四类。

（1）定期检查：每周一次，每次半天。

（2）小修：每年二次，每次2～8天。

（3）大修：3～5年一次，每次10～35天。

（4）扩大性大修：5～8年一次，每次45～75天。

3. 答：转子吊出与吊入应具备的条件为：

（1）对直接连轴结构的水轮发电机组，转子吊出前应将其主轴法兰分解。

（2）悬吊型水轮发电机组在吊出转子之前，需将转子顶起落在经加垫找平的制动器上，推力上导和下导轴承应分解完毕，并吊走励磁机和上部机架等部件。伞型水轮发电机组在吊出转子之前，除应吊走转子上部励磁机和上部机架等部件外，应根据具体结构情况决定分解推力头与转子的连接螺栓或分解推力轴承等有关部件。

（3）转子吊入之前，水轮机转轮与轴、座环、导水叶及顶盖等部件已安装完毕，水轮机主轴的中心垂直及标高已按拆前记录调整合格。

4. 答：发电机盘车应遵守的规定为：

（1）统一指挥。

（2）盘车前应通知转动部分上的以及附近的无关人员撤离。

（3）用天车拉转子时，作业人员不得站在拉紧钢丝绳的对面。

（4）听从指挥，及时记录盘车数据。

（5）无关物品不带入机组内部，盘车结束后清点携带的物品。

5. 答：推力瓦的修刮质量标准为：

（1）挑花时，一般推力瓦为 3～5 个/cm^2 接触点。

（2）瓦花应交错排列，整齐美观。

（3）瓦花断面成楔形，下刀处应呈圆角，切忌下刀处成一深沟，抬刀时刮不成斜面。

四、计算题

1. 解：法兰最大斜度

$$j_{max}=\phi_{max}/2=35/2=17.5$$

故推力头或绝缘垫的最大刮削量为

$$\delta=jD/L=(17.5\times2)/5=0.07\text{（mm）}$$

答：推力头绝缘垫刮削量为 0.07mm。

2. 解：各半径的平均值为 $\overline{a}=1014.96$mm，则

$$\Delta a_1=a_1-\overline{a}=0.77\text{（mm）}$$

$$\Delta a_2=a_2-\overline{a}=0.14\text{（mm）}$$

$$\Delta a_3=a_3-\overline{a}=-0.91\text{（mm）}$$

$$\Delta a_4=a_4-\overline{a}=0\text{（mm）}$$

$$\Delta a_5=a_5-\overline{a}=0.55\text{（mm）}$$

$$\Delta a_6=a_6-\overline{a}=-0.06\text{（mm）}$$

$$\Delta a_7 = a_7 - \overline{a} = -0.63\text{（mm）}$$
$$\Delta a_8 = a_8 - \overline{a} = 0.17\text{（mm）}$$

根据要求，各实测半径与实测半径平均值之差不得超过定、转子设计间隙的±4%（即±0.60mm），可见1点的半径偏大，3点的半径偏小，7点略偏小。

答：分析结果为1点的半径偏大，3点的半径偏小。

五、画图题

1. 答：左视图如图3所示。

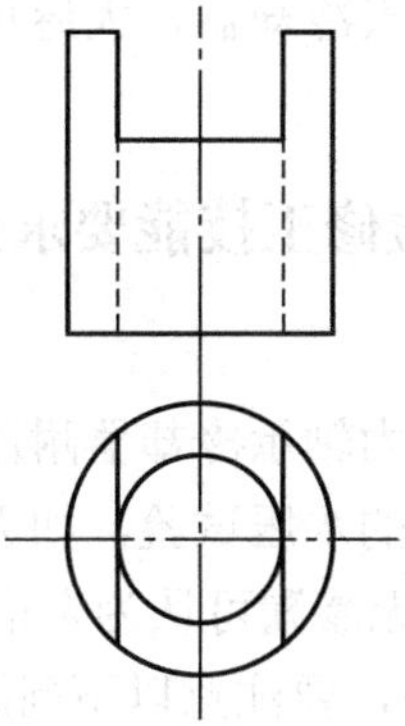

图3

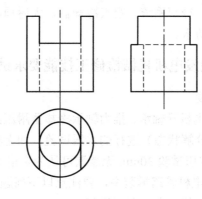

2. 答：三视图如图4所示。

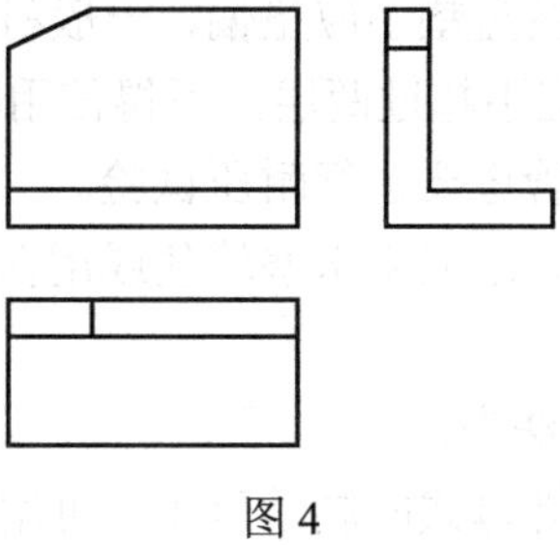

图4

六、论述题

答：应注意的问题：首先检查工作人员的服装和携带的工

具是否符合进入发电机的条件，测摆度时不准接地，不乱动运行中的设备，检查推力、上导轴承是否有异音，油位值是否正常，各部结合面有无松动、振动、异音、气味，检查制动风压及各部温度。

抄记的数据：上下游水位，推力、上导瓦温，冷、热风温度，总水压，推力水压，空冷水压，进出水温度，开度，负荷。

检查的项目：励磁机、永磁机，推力、上导轴承，测定上导、水导摆度，冷却系统，空气冷却器，大屋顶、中层盖板，制动系统，消防水。

中级水轮发电机机械检修工技能要求试卷答案

一、笔试题

1. 答：发电机导轴承、推力轴承冷却器耐压的方法是冷却器预装时（或分解状态）进行的水压试验，如无特殊规定，可按 1.5 倍工作水压试验 30min 无渗漏可认为合格。

2. 答：发电机管路拆装中，要注意以下问题：

（1）管路检修应在无压下进行。

（2）油管路连接处应涂以铅油。

（3）高压管路的法兰连接处要进行检查或研磨，要求接触面达 70%以上；法兰盘垫不应垫偏，一般衬垫的内径应比法兰大 2～3mm；初垫应不超过两层，不得使用楔形垫。

（4）新换上的管道要进行耐压试验。

（5）拆卸后的管道应用木塞堵住或用白布包紧，以防脏、异物掉入。

3. 答：调整方法为：

（1）对于锁定螺母式的制动风闸，可用水准仪测量制动风闸顶面的高程，调整时，可用手扳动螺母旋转，使制动风闸顶面高程调到所需的位置。

（2）对于锁定板式的制动风闸，首先要把制动风闸顶面的活塞提起，将锁定板锁定扳到锁定位置，然后落下活塞，在各制动风闸顶面上加垫，使其高程调到所需的位置。

二、操作题

1. 答：

行业：电力工程　　工种：水轮发电机机械检修　　等级：中

<table>
<tr><td colspan="2">编　号</td><td>C04A002</td><td>行为领域</td><td>e</td><td>鉴定范围</td><td>1</td></tr>
<tr><td colspan="2">考核时限</td><td>60min</td><td>题　型</td><td>A</td><td>题　分</td><td>20</td></tr>
<tr><td colspan="2">试题正文</td><td colspan="5">现场测量并计算发电机各部空气间隙判断是否合格</td></tr>
<tr><td colspan="2">需要说明的问题和要求</td><td colspan="5">1. 要求单独进行操作处理
2. 现场就地操作演示
3. 遵守进入发电机制度
4. 注意安全，文明操作演示</td></tr>
<tr><td colspan="2">工具、材料、设备场地</td><td colspan="5">量具：楔形塞块、游标卡尺、计算器
材料：铅油</td></tr>
<tr><td rowspan="5">评分标准</td><td>序号</td><td colspan="5">操作步骤及方法</td></tr>
<tr><td>1</td><td colspan="5">测量时，先在塞块斜面薄薄的抹上一层铅油，然后插入定子铁芯和转子磁极中部之间，以一定的力量压紧，以确认塞块恰好留有接触印迹为好，拔出后用游标卡尺测量斜面刻痕处的厚度，即为该处的气隙</td></tr>
<tr><td>2</td><td colspan="5">永磁机、辅助发电机、发电机气隙（上、下）各测 16 点，励磁机（上、下）测 14 点，记录好各点的数值，然后用计算器把各部位的平均间隙算出来</td></tr>
<tr><td>质量要求</td><td colspan="5">永磁机、励磁机各点气隙和平均气隙之差不超过平均气隙的±5%；辅助发电机、发电机各点气隙和平均气隙之差不超过平均气隙的±8%</td></tr>
<tr><td>得分或扣分</td><td colspan="5">1. 工器具准备不充分，扣 5 分
2. 项目未进行完全，扣 5 分
3. 测量不准确，扣 5 分
4. 计算不准确，扣 5 分</td></tr>
</table>

2. 答：

行业：电力工程　　工种：水轮发电机机械检修　　等级：初/中

<table>
<tr><td>编　　号</td><td colspan="2">C54A002</td><td>行为领域</td><td>e</td><td>鉴定范围</td><td>1</td></tr>
<tr><td>考核时限</td><td colspan="2">60min</td><td>题　　型</td><td>A</td><td>题　　分</td><td>20</td></tr>
<tr><td>试题正文</td><td colspan="6">测定上导轴瓦的间隙</td></tr>
<tr><td>需要说明的问题和要求</td><td colspan="6">1. 要求单独进行操作处理
2. 现场就地操作演示，不得触动其他设备
3. 注意安全，文明操作演示</td></tr>
<tr><td>工具、材料、设备场地</td><td colspan="6">工具：活扳子、专用扳手、大锤、专用顶丝等
量具：塞尺、百分表</td></tr>
<tr><td rowspan="4">评
分
标
准</td><td>序号</td><td colspan="5">操 作 步 骤 及 方 法</td></tr>
<tr><td>1

2

3

4</td><td colspan="5">上导瓦间隙调整之前必须检查所有轴瓦是否已用顶丝紧靠在轴颈上

轴瓦应按旋转方向与抗重螺丝相靠

调整时调整抗重螺丝和打紧背帽应协同进行，背帽打紧后应符合上述间隙要求

背帽的锁定卡板应向顺时针方向推靠后进行</td></tr>
<tr><td>质量要求</td><td colspan="5">上导瓦间隙按 0.15±0.01mm 调整一致，间隙的测量方法可用0.14mm 塞尺可通过，0.16mm 厚塞尺不能通过来检查</td></tr>
<tr><td>得分或扣分</td><td colspan="5">1. 工器具准备不充分，扣 5 分
2. 项目未进行完全，扣 10 分
3. 未达到质量标准，扣 5 分</td></tr>
</table>

3. 答：

行业：电力工程　　工种：水轮发电机机械检修　　　等级：中

<table>
<tr><td colspan="2">编　　号</td><td>C04A001</td><td>行为领域</td><td>e</td><td>鉴定范围</td><td>2</td></tr>
<tr><td colspan="2">考核时限</td><td>60min</td><td>题　　型</td><td>A</td><td>题　　分</td><td>20</td></tr>
<tr><td colspan="2">试题正文</td><td colspan="5">研磨镜板</td></tr>
<tr><td colspan="2">需要说明的问题和要求</td><td colspan="5">1. 要求单独进行操作处理
2. 现场就地操作演示，不得触动运行设备
3. 注意安全，文明操作演示</td></tr>
<tr><td colspan="2">工具、材料、设备场地</td><td colspan="5">工具、材料：研磨机、研磨瓦、毛毡、煤油、研磨膏、纯猪油、细绸、活扳手、透平油、天然油石、酒精、厚质细呢、钢板尺</td></tr>
<tr><td rowspan="6">评
分
标
准</td><td>序号</td><td colspan="5">操　作　步　骤　及　方　法</td></tr>
<tr><td>1</td><td colspan="5">镜板镜面的研磨应在专门搭起的研磨棚内进行，以防止落下异物划伤镜面</td></tr>
<tr><td>2</td><td colspan="5">镜板放在研磨机上应调整好镜板的中心和水平，镜板中心应与立轴中心一致</td></tr>
<tr><td>3</td><td colspan="5">镜板水平应使驱动臂在其上、下活动余隙里，上不致把研磨瓦脱开，下不致碰到镜板表面。研磨板的研磨瓦在瓦面上包一层 3mm 厚毛毡，在外包厚质细呢，二者应分别绑扎牢靠，包妥的研磨瓦扣放在镜面上，固定在驱动臂上。镜板的抛光采用 Cr_2O_3、M5～M10 的研磨膏，按 1:2 的质量比配，以煤油稀释，用细绸过滤后备用。在最后阶段，可用纯猪油、透平油（用细绸过滤）分别进行研磨，以提高镜面的光亮度</td></tr>
<tr><td>质量要求</td><td colspan="5">要连续研磨 72h，镜面上的伤痕可先使用天然油石逆着旋转方向轻轻除去毛刺，然后清扫干净，进行研磨镜面的最后清扫应用纯净甲苯和无水酒精进行，镜面用细绸布擦净，镜面上抹纯猪油应待甲苯酒精完全挥发后进行</td></tr>
<tr><td>得分或扣分</td><td colspan="5">1. 工器具准备不充分，扣 5 分
2. 项目未进行完全，扣 10 分
3. 未达到质量标准，扣 5 分</td></tr>
</table>

6 组卷方案

6.1 理论知识考试组卷方案

技能鉴定理论知识试卷每卷不应少于五种题型，其题量为不少于 50 题，每题分值不超过 5 分（试卷的题型与题量的分配，参照附表）。

试卷的题型与题量分配（组卷方案）表

题　　型	鉴定工种等级		配　　分	
	初级、中级	高级工、技师	初级、中级	高级工、技师
选　择	25～30 题（1 分/题）	25 题（1 分/题）	25～30	25
判　断	25～30 题（1 分/题）	25 题（1 分/题）	25～30	25
简　答	6～4 题（5 分/题）	4 题（6 分/题）	30～20	20
计　算	2 题（5 分/题）	2 题（5 分/题）	10	10
绘　图	2 题（5 分/题）	2 题（5 分/题）	10	15
论　述		2 题（5 分/题）		
总　计	50～68	50	100	100

高级技师的试卷，可根据实际情况参照技师试卷命题，但要加大难度，以综合性、论述性的内容为主。

6.2 技能操作考核方案

对于技能操作试卷，库内每一个工种的各技术等级下，应最少保证有 5 套试卷（考核方案），每套试卷应由 2～3 项典型操作或标准化作业组成，其选项内容互为补充，不得重复。

技能操作考核由实际操作与口试或技术答辩两项内容组成，初、中级工实际操作加口试进行，技术答辩一般只在高级工、技师、高级技师中进行，并根据实际情况确定其组织方式和答辩内容。